JN026595

第4版

数学入門

根岸　章 著

学術図書出版社

はじめに

この本は，平成 17 年度に同志社大学文化情報学部で行われた新入生向け講義「数学入門」で配布したプリントを元に，その後の 2 年間に例題や練習問題などを補いつつ修正していったものです．

講義「数学入門」では，リメディアル教育としての位置づけと，さらにテイラー展開などの解析学の初歩を内容を盛り込むことを要請されていました．限られた講義時間の中で高校数学の全ての内容を盛り込むことは無理があるので，以下のことを目的として内容を決定しました．

1. テイラー展開を最終目標としてそれに必要な内容に限定する
2. 中学・高校のテキストとは違った視点での導入を行う

第 2 版発行より 10 年近くたち，この間，中学・高等学校の学習指導要領の改訂も行われました．そのため，第 3 版からは，数値積分を外し，代わりに数列の章を追加し，複素数の扱いも増やしました．しかし，この本の位置づけは，大きな変化はしていません．

この本の性格として，詳しい解説や論理的な構成より，理解のしやすさを優先しています．したがって，定理などはほとんど証明無しで述べられていますし，その成立条件も詳しく検討していません．関数についてはとくに断りがなければ連続関数（定義は付録 B で述べています）としています．

第 1 章から第 3 章までは，数式を理解する上で基本となる，文字式の扱い・関数と方程式の概念について述べています．学生の中には式変形の意味や等号の意味について無頓着な者も多いので，この点にこだわって述べています．

第 4 章と第 5 章は高校で学習する初等関数の三角関数・指数関数・対数関数について述べています．細かい公式には深入りせず，関数としての大まかな性質の理解が出来れば十分と考え，その点を強調しています．

第 6 章は，数列の基礎事項として，等差数列と等比数列，3 項間までの主に線形の漸化式を扱い，数列の極限などの概念に触れます．

第7章から第10章は微分に関連した話題について述べています．微分の性質を理解し，具体的な関数の微分が計算でき，それを利用して関数の増減などの性質を求めるという順序で書かれていますが，具体的な微分の計算を数多くこなすことによって，性質の理解も深まると思います．

第11章から第13章は積分に関連した話題について述べています．積分の定義と，微積分の関係について理解することが重要です．積分の公式の多くは微分の公式から導かれています．

全体を通して，ほぼ全ての節ごとに1題以上の例題を置いています．例題には解答も詳しく書かれているので，理解を深めるためにも解答を詳しく読んでみてください．また，章末の練習問題の解答はすべて巻末に置いてあります．なるべく多くの問題を解いて理解を定着させてください．

付録A，Bは平成19年度に奈良産業大学（現奈良学園大学）情報学部で行われた新入生向け講義「情報数学I」で配布したプリントの一部を加筆・修正したものです．執筆に際して，

『数学の基礎体力をつけるためのろんりの練習帳』中内伸光著，
共立出版株式会社

を参考にさせていただきました．集合についての理解が不十分な読者や，証明することがどういうことか良くわからないという読者は一読することをお奨めします．

最後に，本書を書く機会を与えてくださった同志社大学文化情報学部の浦部治一郎教授と，出版に当たりお世話になった学術図書出版社の高橋秀治氏に心から御礼申し上げます．

2019年12月

根岸　章

目　　次

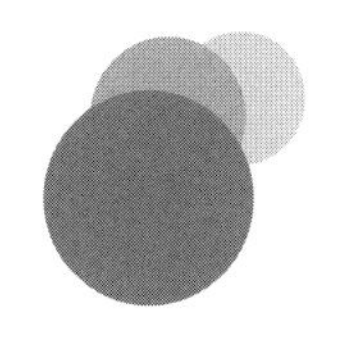

1　数と式

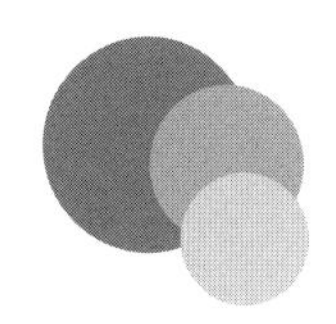

この章では，さまざまな種類の数と，文字を含んだ式の計算規則について学習します．数の種類については，ある種の方程式をみたす解を増やしていくという観点から，拡張が行われます．文字式の計算については，計算の3法則を基に加減乗除がどのように行われるかをみます．

1.1　数の種類

この節では，さまざまな種類の数について見ていきます．方程式の解を考えることによって数の種類が増えていきます．

自然数

$$1,\ 2,\ 3,\ \cdots,\ 100,\ \cdots$$

を**自然数**（または**正の整数**）といいます．ものの個数や順序を数える際には，この数だけで十分です．自然数同士の和・積は自然数になります．このことを，自然数は加法・乗法に関して**閉じている**といいます．減法・除法に関しては閉じていません．

整数　しかし，方程式 $x+a=b$（a, b は自然数）を解くとき，a が b 以上の場合には，この方程式をみたす解 x は自然数の中には存在しません．

$$\cdots,\ -100,\ \cdots,\ -3,\ -2,\ -1$$

を**負の整数**といい，正の整数と負の整数と0を合わせて，**整数**といいます．a, b を整数とすると，方程式 $x+a=b$ は常に整数解を持ちます．整数は加法・減法・乗法に関して閉じています．

有理数　次に，$ax=b$（a, b は整数）という方程式を考えます．この方程式の整数解は常に存在するとは限りません．そこで，この方程式の解を $\dfrac{b}{a}$ と表し，これを**分数**といいます．分数の上の数を**分子**といい，下の数を**分母**といいます．分母 a が 分子 b の**約数**（b が a で割り切れる）の場合は解は整数でも表せますが，それ以外の場合は整数になりません．整数の比で表される数のことを**有理数**ともいいます．a が 0 で，b が 0 以外の場合，この方程式の解はありません．また，a も b も 0 の場合には x がどんな値でも等号が成立します．そこで，分数を考える際には分母が 0 の場合を除きます．a, b が有理数の場合は，方程式 $ax=b$ は $a=0$ の場合を除き常に有理数解を持ちます．有理数は加法・減法・乗法について閉じています．また，除法に関しても 0 で割ることを除けば商は有理数になります．

有理数は分数以外の表し方もできます．例えば

$$\frac{1}{4}=\frac{10}{40}=\frac{8+2}{40}=\frac{8}{40}+\frac{2}{40}=\frac{2}{10}+\frac{20}{400}=\frac{2}{10}+\frac{5}{100}$$

のように，分母が 10, 100, $\cdots$ などの 10 の冪の分数の和で表し，さらにこれを 0.25 と表します．このように表したものを**小数**といいます．この操作は今の例のように有限回で終わる場合もあるし，

$$\frac{1}{3}=\frac{10}{30}=\frac{9+1}{30}=\frac{3}{10}+\frac{1}{30}=\frac{3}{10}+\frac{3}{100}+\frac{1}{300}$$

のように限りなく繰り返せるものもあります．これを小数で表す場合には $0.333\cdots$ もしくは $0.\dot{3}$ のようにします．

小数が有限桁で終わるものを**有限小数**といい，限りなく続くものを**無限小数**といいます．有理数を小数で表した場合は，無限小数の場合でも，必ずある桁以降は同じ数字の並びの繰り返しになります．例えば

$$\frac{41}{110}=0.3727272\cdots=0.3\dot{7}\dot{2}$$

のようになります．これを**循環小数**といいます．

例題 1.1　循環小数 $0.\dot{2}3\dot{3}$ を分数に直せ．

解答

$$0.2\dot{3}2\dot{3} = 0.2+0.0323+0.0000323+\cdots = \frac{2}{10}+\frac{323}{10000}+\frac{323}{10000000}+\cdots \quad (1)$$

であるので，第1辺と第3辺を1000倍して

$$1000 \times 0.2\dot{3}2\dot{3} = \frac{2000}{10}+\frac{323}{10}+\frac{323}{10000}+\frac{323}{10000000}+\cdots \quad (2)$$

となる．(2) 式から (1) 式を辺々引いて

$$999 \times 0.2\dot{3}2\dot{3} = \frac{1998}{10}+\frac{323}{10}=\frac{2321}{10}$$

よって，

$$0.2\dot{3}2\dot{3} = \frac{2321}{9990}$$

となる．

別解 **無限等比級数の和**の公式 $\displaystyle\sum_{n=1}^{\infty} ar^{n-1} = \frac{a}{1-r}$ を用いると，

$$\begin{aligned}
0.2\dot{3}2\dot{3} &= 0.2+\sum_{n=1}^{\infty} 0.0323\left(\frac{1}{1000}\right)^{n-1} \\
&= \frac{2}{10}+\frac{0.0323}{1-\frac{1}{1000}} = \frac{2}{10}+\frac{0.0323 \times 10000}{\left(1-\frac{1}{1000}\right) \times 10000} \\
&= \frac{2}{10}+\frac{323}{10000-10} = \frac{2 \times 999}{9990}+\frac{323}{9990} \\
&= \frac{2321}{9990}
\end{aligned}$$

実数 次に，$x^2 = a$（a は有理数）という方程式を考えます．この方程式の解を a の**平方根**といい $\sqrt{a}$ と表しますが，特別の場合を除き有理数解はありません．$a = 4$ の場合には，2 または -2 がこの方程式をみたすので，それぞれ**正の平方根**，**負の平方根**といい $\sqrt{4}\,(=2)$，$-\sqrt{4}\,(=-2)$ と表します．一方，例えば $a = 2$ の場合は $\sqrt{2}$（あるいは $-\sqrt{2}$）は有理数ではない（分数で表せ

ない）ことが証明できます．小数を使うと

$$\sqrt{2} = 1.41421356\cdots$$

となって，$\cdots$ 以降が循環することはありません．しかし，一辺の長さが1の正方形の対角線の長さは $\sqrt{2}$ になるので，このような数を考える必要があります．そこで，数を（循環しないものも含めて）無限小数全体に広げてこれを**実数**といいます．整数または有限小数は，最後の数字以降は0が循環すると考え（もしくは 最後の桁を1つ小さくしてそれ以下の桁で9を無限に繰り返すとして）循環小数に含めます．実数の中で有理数（循環小数）でないものを**無理数**といいます．実数は有理数と同様に0除算を除く加減乗除で閉じています．

複素数　無理数まで考えると方程式 $x^2 = a$ は $a \geq 0$ なら常に実数の範囲内で解が見つかります．しかし，$a < 0$ の場合は実数解が存在しません．そこで，$x^2 = -1$ の解のうち一方を i と表し，もう一方を $-i$ と表すことにして，i を**虚数単位**といいます．こうすると ci（c は実数）の形の数で方程式 $x^2 = a\ (a < 0)$ の解が表せます．これを**純虚数**といいます．

a, b を実数としたとき，$a + bi$ の形の数を考えこれを**複素数**といいます．実数でない複素数（$a + bi$ で $a \neq 0$ のもの）を**虚数**といいます． 複素数の範囲で考える代数方程式（多項式型の方程式）の解は全て複素数になります．複素数についての詳しいことは，1.4節を見てください．

数の集合は，自然数全体を $\boldsymbol{N}$，整数全体を $\boldsymbol{Z}$，有理数全体を $\boldsymbol{Q}$，実数全体を $\boldsymbol{R}$，複素数全体を $\boldsymbol{C}$ と表します．集合としての包含関係は

$$\boldsymbol{N} \subset \boldsymbol{Z} \subset \boldsymbol{Q} \subset \boldsymbol{R} \subset \boldsymbol{C}$$

となっています．$\boldsymbol{R} \setminus \boldsymbol{Q}$ が無理数全体，$\boldsymbol{C} \setminus \boldsymbol{R}$ が虚数全体です．

1.2　整式の計算

この節では，**文字式**の計算規則等について扱います．ここで使う文字は，数を**代入**することを想定しているので，数だけの式も，文字を含んだ式でもほとんど同様に扱えます．代入というのは，与えられた文字式に含まれる同じ文字をすべて等しい数または文字式に置き換えていく操作のことです．

この節での等号は，全て等号の両辺が常に等しいことを表していることを注意しておきます．

整式　文字に関する演算が加・減・乗だけの文字式を**整式**あるいは**多項式**といいます．整式において，和・差で分割された1つ1つを**項**といい，項が1つだけの式を**単項式**といいます．1つの項の掛け算の中で，文字を除いた部分をその項の**係数**といいます．各項で文字が掛けられた個数を**項の次数**といい，文字のない項を**定数項**といいます．定数項の次数は0です．整式の各項の次数で最大のものを**式の次数**といいます．文字の部分が同じ組になっている項を**同類項**といい，通常，同類項は係数同士の和・差を使ってまとめて表します．多項式を次数の高い項から順に表すことを**降冪の順**といい，次数の低い項から順に表すことを**昇冪の順**といいます．

以下，1つの整式をアルファベットの大文字1つで表すことにします．整式 A の各項の符号を逆にしたものを $-A$ と表します．

文字式の中で，いくつかの文字だけに着目して，その他の文字は数と同様に扱うことがあります．その場合，係数や次数，同類項はその着目した文字だけで考えます．例えば x に着目した場合，同類項にまとめ降冪の順にすると

$$bx + ax^2 + cx + d = ax^2 + (b + c)x + d$$

となります．右辺の第1項の係数は a で，第2項の係数は $b + c$，第3項は定数項です．最大次数が2次なので x の2次式といいます．x の文字式を $A(x)$ のように表すこともあります．

例題 1.2　次の式を x について降冪の順にせよ．

(1) $2x + 1 + x^2$　　(2) $xy + x^2y + 3xy^2 + 2x + 1 + x^3$

解答　(1) $2x$ は1次，1は0次，x^2 は2次なので次数の高いものから並べ

$$x^2 + 2x + 1$$

となる．

(2) 0次のものは1，1次のものは xy，$3xy^2$，$2x$，2次のものは x^2y，3次の

ものは x^3 なので，次数の高いものから並べ，次数の同じものはまとめると

$$x^3 + yx^2 + (3y^2 + y + 2)x + 1$$

となる．

計算の3法則　文字式の計算の基本となるのは以下の3法則です．この3法則から，文字式でよく用いられる**展開**の公式や**因数分解**の公式が導けます．

計算の3法則

結合法則：$(A+B)+C = A+(B+C)$，$(AB)C = A(BC)$

交換法則：$A+B = B+A$，$AB = BA$

分配法則：$A(B+C) = AB+AC$，$(A+B)C = AC+BC$

展開　展開というのは，与えられた式を，主に分配法則の左辺から右辺へ置き換えを用いて式変形していくことです．その結果，多項式の掛け算の形をした式が，ばらばらの項になります．展開の公式をいくつか紹介しましょう．

展開の公式

(1)　$(A+B)^2 = A^2 + 2AB + B^2$

(2)　$(A-B)^2 = A^2 - 2AB + B^2$

(3)　$(A+B)(A-B) = A^2 - B^2$

(4)　$(AX+BY)(CX+DY) = ACX^2 + (AD+BC)XY + BDY^2$

(5)　$(A+B+C)^2 = A^2 + B^2 + C^2 + 2(AB+BC+CA)$

(6)　$(A+B)^3 = A^3 + 3A^2B + 3AB^2 + B^3$

例題 1.3　次の式を展開せよ．

(1)　$(2x+3y)(2x-3y)$　　(2)　$(x^2+y^2+1)(2x-y)$

解答　(1) 公式の (3)（もしくは (4)）を使うと

$$(2x+3y)(2x-3y) = (2x)^2 - (3y)^2 = 4x^2 - 9y^2$$

となる．

(2) 公式にはないので，分配法則を直接用いると

$$(x^2+y^2+1)(2x-y) = x^2\cdot 2x + x^2\cdot(-y) + y^2\cdot 2x + y^2\cdot(-y) + 2x - y$$
$$= 2x^3 - x^2y + 2xy^2 - y^3 + 2x - y$$

となる．

上の (1) や (6) を一般化したものに **2 項定理**と呼ばれるものがあります．

$$(A+B)^n = \sum_{r=0}^{n} {}_nC_r A^{n-r} B^r$$

ここで，${}_nC_r$ というのは n 個の中から r 個を選ぶ組み合わせを表し，

$${}_nC_r = \frac{n!}{r!(n-r)!}$$

となります．ただし $n!$ 等は**階乗**を表し，$n! = n(n-1)(n-2)\cdots 2\cdot 1$ です．

因数分解　分配法則の右辺から左辺への置き換えを用いて全体を単項式にする式変形を因数分解といいます．因数分解では係数を数のどの範囲にするかによって，結果が変わってきます．因数分解の公式は，分配法則や展開の公式を逆にしたものになります．それ以外の因数分解の公式をいくつか紹介しましょう．

因数分解の公式

(1) $A^3 - B^3 = (A-B)(A^2+AB+B^2)$

(2) $A^3 + B^3 = (A+B)(A^2-AB+B^2)$

(3) $A^3 + B^3 + C^3 - 3ABC$
$= (A+B+C)(A^2+B^2+C^2-AB-BC-CA)$

例題 1.4　次の式を因数分解せよ．

(1) $ac+a+bc+b$　(2) x^2+6x+9　(3) x^3+8y^3

解答　(1) 同類項でまとめていくと

$$ac+a+bc+b = a(c+1)+b(c+1) = (a+b)(c+1)$$

となる．

(2) 展開の公式 (1) を逆に用いると

$$x^2 + 6x + 9 = x^2 + 2 \cdot x \cdot 3 + 3^2 = (x+3)^2$$

となる．

(3) 因数分解の公式 (2) を用いると

$$x^3 + 8y^3 = x^3 + (2y)^3 = (x+2y)(x^2 - 2xy + 4y^2)$$

となる． ■

因数分解はいつでも容易にできるわけではありませんが，係数が整数で，因数分解の係数も整数の範囲内でよい場合には，**因数定理**を用いて解くのが有力な方法です．因数定理というのは次の定理です．

因数定理

整式 $F(x)$ において，x に A（A は x を含まない文字式）を代入したとき $F(A)=0$ が成り立つとする．このとき，ある整式 $Q(x)$ が存在して，

$$F(x) = (x-A)Q(x)$$

となる．

整数係数の整式 $F(x)$ の場合には，$\pm$(定数項の約数)/(最大次数の項の係数の約数) を代入して 0 になる数を用いて因数を決定し，次節の式の割り算をして $Q(x)$ を求められます．

整式の割り算　整式の割り算は，整数を位取り記数法を用いて表したときとの割り算とほぼ同様に行います．具体的には割られる式と割る式を次数の高い順に各項の係数を並べ，割る式に係数の定数倍をかけて通常の位取り記数法の整数の割り算と同じように次数の高いものから順に 0 になるようにしていきます．例えば，$2x^3 + x^2 - 1$ を $x-2$ で割るには次のようにします．

$$
\begin{array}{rrcrrrr}
 & & & & 2 & 5 & 10 \\ \cline{4-7}
1 & -2 &) & 2 & 1 & 0 & -1 \\
 & & & 2 & -4 & & \\ \cline{4-6}
 & & & & 5 & 0 & \\
 & & & & 5 & -10 & \\ \cline{5-7}
 & & & & & 10 & -1 \\
 & & & & & 10 & -20 \\ \cline{6-7}
 & & & & & & 19
\end{array}
$$

一般に，整式 $F(x)$ を整式 $G(x)$ で割ったときの商を $Q(x)$，余りを $R(x)$ とすると，

$$F(x) = G(x)Q(x) + R(x) \tag{1.1}$$

が成立しています．ここで $R(x)$ の次数は，$G(x)$ の次数より小さくなります．上の計算例では，

$$2x^3 + x^2 - 1 = (x-2)(2x^2 + 5x + 10) + 19$$

となります．右辺を展開すると左辺に等しくなることを各自で確かめましょう．

例題 1.5　$x^3 + 3x^2 - 4$ を因数定理を用いて因数分解せよ．

解答　$f(x) = x^3 + 3x^2 - 4$ とおく．$f(x)$ に -4 の約数である 1 を代入してみると，$f(1) = 1^3 + 3 \cdot 1^2 - 4 = 1 + 3 - 4 = 0$ であるから，$f(x)$ は $x-1$ で割り切れる．割り算を実行すると $f(x) = (x-1)(x^2 + 4x + 4)$ となり，さらに $x^2 + 4x + 4 = (x+2)^2$ と因数分解できるので，結局

$$x^3 + 3x^2 - 4 = (x-1)(x+2)^2$$

となる．■

1.3 有理式とその計算

整式同士の割り算を分数の形で表したものを**有理式**といいます．有理式は A, B $(A \neq 0)$ を整式とした場合の $AX = B$ をみたすものと思うことができます．すると，$C \neq 0$ の場合，2 つの方程式 $CAX = CB$, $AY = B$ は同じ

解を持つと考えられますので，

$$\frac{CB}{CA}=\frac{B}{A}$$

となります．この操作を**約分**といいます．

2つの方程式 $AX=B$，$CY=D$ の解の和 $X+Y$ を求めるには，第1式に C，第2式に A を掛けて辺々加えます．すると $AC(X+Y)=BC+AD$ となるので，$X+Y$ が求まります．これを分数で表すと

$$\frac{B}{A}+\frac{D}{C}=\frac{BC+AD}{AC}$$

となります．この操作を**通分**といいます．

有理式の中で分母に文字を含むものを**分数式**といいます．有理式の分母や分子がさらに有理式になったものを**繁分数式**といいます．

前節 (1.1) 式を分数式で表すと，

$$\frac{F(x)}{G(x)}=Q(x)+\frac{R(x)}{G(x)}$$

と表せます．前節の計算例を分数式で表すと，

$$\frac{2x^3+x^2-1}{x-2}=2x^2+5x+10+\frac{19}{x-2}$$

となります．

例題 1.6　次の分数式の計算をせよ．

(1) $\dfrac{x^2-1}{x^2-3x+2}$ を約分せよ．　(2) $\dfrac{1}{x}-\dfrac{1}{x+1}$ を通分せよ．

解答　(1) 与式の分母は $x^2-3x+2=(x-1)(x-2)$ と因数分解でき，分子は $x^2-1=(x-1)(x+1)$ と因数分解できるので，$x-1$ を共通因数に持つ．したがって

$$\frac{x^2-1}{x^2-3x+2}=\frac{(x-1)(x+1)}{(x-1)(x-2)}=\frac{x+1}{x-2}$$

となる．

(2) 各項の分母分子にもう1つの項の分母を掛けると

$$\frac{1}{x}-\frac{1}{x+1}=\frac{x+1}{x(x+1)}-\frac{x}{x(x+1)}=\frac{x+1-x}{x(x+1)}=\frac{1}{x(x+1)}$$

となる. ▮

1.4　複素数の演算と複素数平面

1.1節ででてきた複素数についてもう少し詳しく見てみましょう.

複素数は, 2つの実数 a, b が決まると, $a+bi$ の形で1つ決まります. そこで, 複素数 $a+bi$ を平面上の点 (a,b) と同一視します. この平面を**複素数平面**（**ガウス平面**）といいます. 複素数平面の横軸を**実軸**, 縦軸を**虚軸**といいます. 複素数を1つの文字で表すときは $\alpha = a+bi$ のようにし, 複素数 α といいます. このとき a を複素数 α の**実部**といい $\mathrm{Re}\,\alpha$ と表し, b を複素数 α の**虚部**といい $\mathrm{Im}\,\alpha$ と表します. 変数としての複素数を用いるときは, 実部を x, 虚部を y として, $z = x+yi$ とします. 複素数の虚部の符号を入れ替えたものを**共役複素数**といい, $\bar{\alpha}$ と表します. $\overline{a+bi} = a-bi$ となります. $\mathrm{Re}\,\bar{\alpha} = \mathrm{Re}\,\alpha$, $\mathrm{Im}\,\bar{\alpha} = -\mathrm{Im}\,\alpha$ となります. 複素数平面上では, 実軸に関して対称な点が共役複素数になります.

$$\alpha + \bar{\alpha} = 2\mathrm{Re}\,\alpha,\ \alpha - \bar{\alpha} = 2i\mathrm{Im}\,\alpha$$

の関係式は簡単に示せます.

複素数の演算　複素数には実数などと同様, 四則演算があります.

複素数同士の和・差はそのまま文字式として計算し, i について同類項をまとめたものです. すなわち

$$(a+bi) \pm (c+di) = (a \pm c) + (b \pm d)i$$

となります. 複素数平面では2つのベクトルの和・差として表せます.

複素数同士の積は文字式として計算し, $i^2 = -1$ という置き換えをしたものになります. すなわち

$$(a+bi)(c+di) = ac + adi + bci + bdi^2 = (ac-bd) + (ad+bc)i$$

となります.

複素数 $\alpha = a+bi$ に対し, 0以上の実数 $\sqrt{a^2+b^2}$ を複素数の**絶対値**といい, $|\alpha|$ と表します. 複素数平面上では, 絶対値は原点からの距離に等しくな

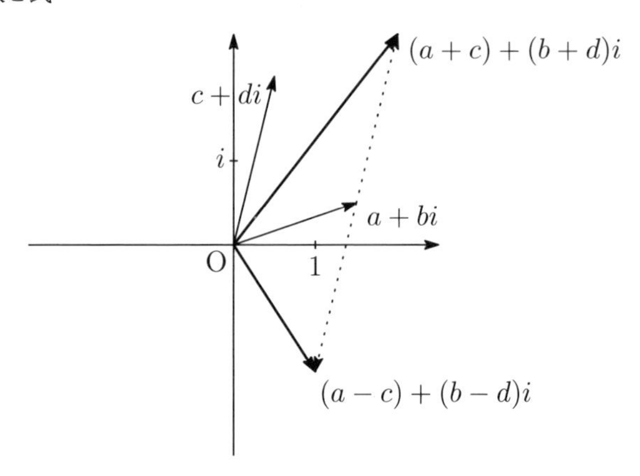

図 1.1 複素数の和・差

ります．共役複素数を使うと $|\alpha|^2 = \alpha\bar{\alpha}$ となります．

上の関係式は，$\dfrac{1}{\alpha} = \dfrac{\bar{\alpha}}{|\alpha|^2}$ と変形できます．これより，複素数同士の商は

$$\frac{a+bi}{c+di} = \frac{(a+bi)(c-di)}{c^2+d^2} = \frac{ac+bd}{c^2+d^2} + \frac{bc-ad}{c^2+d^2}i$$

となります．

例題 1.7 $\alpha = 1+2i,\ \beta = 3+i$ のとき，次の複素数の計算をせよ．

(1) $\alpha+\beta$ (2) $\alpha\beta$ (3) $\alpha\bar{\alpha}$

解答 (1) $\alpha+\beta = (1+2i)+(3+i) = (1+3)+(2+1)i = 4+3i$

(2) $\alpha\beta = (1+2i)(3+i) = (1\cdot 3 - 2\cdot 1) + (1\cdot 1 + 2\cdot 3)i = 1+7i$

(3) $\alpha\bar{\alpha} = (1+2i)\overline{(1+2i)} = (1+2i)(1-2i)$

$= (1\cdot 1 - 2\cdot(-2)) + (1\cdot(-2) + 2\cdot 1)i = 5$ ∎

複素数 α の絶対値を r としたとき，$\alpha = r(\cos\theta + i\sin\theta)$ と表すことができます．この表示を複素数の**極形式**といいます．このとき θ を複素数 α の**偏角**といい，$\arg\alpha$ と表します．偏角 θ は実軸正方向と複素数の表すベクトルの成す角になります．$\alpha_i = r_i(\cos\theta_i + \sin\theta_i)$ $(i=1,2)$ としたとき，複素数の積，

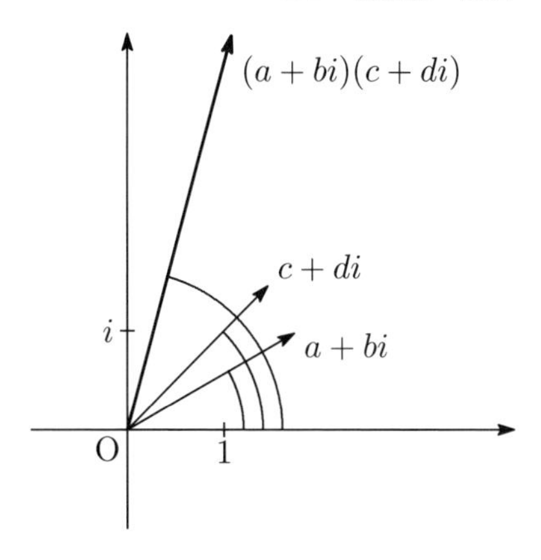

図 1.2 複素数の積

商は三角関数の加法定理を用いて

$$\alpha_1\alpha_2 = r_1r_2(\cos(\theta_1+\theta_2)+i\sin(\theta_1+\theta_2)),$$

$$\frac{\alpha_1}{\alpha_2} = \frac{r_1}{r_2}(\cos(\theta_1-\theta_2)+i\sin(\theta_1-\theta_2))$$

となります．これより，

$$|\alpha_1\alpha_2| = |\alpha_1||\alpha_2|, \quad \left|\frac{\alpha_1}{\alpha_2}\right| = \frac{|\alpha_1|}{|\alpha_2|},$$

$$\arg(\alpha_1\alpha_2) = \arg\alpha_1 + \arg\alpha_2, \quad \arg\frac{\alpha_1}{\alpha_2} = \arg\alpha_1 - \arg\alpha_2$$

が従います．

オイラーの公式 $e^{i\theta} = \cos\theta + i\sin\theta$ を用いると，さらに

$$\alpha_1\alpha_2 = r_1r_2e^{i(\theta_1+\theta_2)}, \quad \frac{\alpha_1}{\alpha_2} = \frac{r_1}{r_2}e^{i(\theta_1-\theta_2)}$$

と簡単に表せます．

複素数平面上での複素数同士の積（商）は長さは掛け算（割り算）で，偏角は足し算（引き算）でベクトルを移したものになります．

複素共役と絶対値・偏角の関係は

$$|\bar{\alpha}| = |\alpha|, \quad \arg\bar{\alpha} = -\arg\alpha$$

となります．複素共役と複素数の四則演算は順序交換可能です．すなわち，複素数 α, β に対し

$$\overline{(\alpha \pm \beta)} = \bar{\alpha} \pm \bar{\beta}, \quad \overline{\alpha\beta} = \bar{\alpha}\bar{\beta}, \quad \overline{\left(\frac{\alpha}{\beta}\right)} = \frac{\bar{\alpha}}{\bar{\beta}}$$

が成り立ちます．

実数は（虚数でない）複素数なので，実数に対する複素共役を考えると

$$\alpha \in \boldsymbol{R} \Longleftrightarrow \bar{\alpha} = \alpha$$

となります．

例　a, b, c を実数，z を複素変数としたとき，$\overline{az^2 + bz + c} = a\bar{z}^2 + b\bar{z} + c$ となる．

1.5　総和記号

共通な性質をもったいくつかの項の和を表すのに，**総和記号 $\boldsymbol{\Sigma}$** を用いることがあります．ここでは，Σ の性質を簡単にまとめてみます．

例　$\displaystyle\sum_{n=1}^{10} n = 1 + 2 + 3 + 4 + 5 + 6 + 7 + 8 + 9 + 10$

上の例では，Σ の右の n が，パラメータ n で表した共通する性質，Σ の上下の $n = 1$ と 10 はパラメータ n の動く範囲を表しています．したがって，一般には次のようになります．

総和記号の意味

$$\sum_{n=p}^{q} f(n) = f(p) + f(p+1) + \cdots + f(q).$$

ここで，p, q は $p \leqq q$ なる整数，$f(n)$ はパラメータ n の式です．

総和記号におけるパラメータを表す文字には意味がなく，置き換え可能です．すなわち，

$$\sum_{n=p}^{q} f(n) = \sum_{i=p}^{q} f(i)$$

のように，n を（式 f で使われていない）文字 i に置き換えても常に等しくなります．

パラメータの動く範囲をずらすこともできます．すなわち，n の動く範囲 $p \leqq n \leqq q$ を平行移動して，$p-k \leqq n \leqq q-k$ にすると

$$\sum_{n=p}^{q} f(n) = \sum_{n=p-k}^{q-k} f(n+k)$$

となります．

総和記号の両端から，いくつかの項を取り出すこともできます．

例　$\displaystyle\sum_{n=1}^{10} n^2 = 1 + \sum_{n=2}^{9} n^2 + 100$

項数が有限の場合は，次の線形性が常に成り立ちます．ただし，c, d はパラメータ n によらない数とします．

$$\sum_{n=p}^{q}(cf(n)+dg(n)) = c\sum_{n=p}^{q} f(n) + d\sum_{n=p}^{q} g(n) \tag{1.2}$$

例題 1.8　データ $x = \{x_1, x_2, \ldots, x_n\}$ の平均 $\overline{x}$ は，$\overline{x} = \dfrac{1}{n}\displaystyle\sum_{k=1}^{n} x_k$ で定義される．また，x の分散 v_x は，$v_x = \dfrac{1}{n}\displaystyle\sum_{k=1}^{n}(x_k-\overline{x})^2$ で定義される．このとき，次の等式を示せ．ただし，a, b は定数とし，$\overline{ax+b}$ はデータ ax_k+b $(k=1,2,\ldots,n)$ の平均を表し，$\overline{x^2}$ は，データ x_k^2 $(k=1,2,\ldots,n)$ の平均を表す．

(1)　$\overline{ax+b} = a\overline{x}+b$.

(2)　$v_x = \overline{x^2} - \overline{x}^2$

解答　(1) (1.2) 式より，

$$\overline{ax+b} = \frac{1}{n}\sum_{k=1}^{n}(ax_k+b) = \frac{a}{n}\sum_{k=1}^{n} x_k + \frac{1}{n}\sum_{k=1}^{n} b = a\overline{x}+b.$$

(2) (1.2) 式より，

$$\begin{aligned} v_x &= \frac{1}{n}\sum_{k=1}^{n}(x_k-\overline{x})^2 = \frac{1}{n}\sum_{k=1}^{n}x_k^2 - \frac{2\overline{x}}{n}\sum_{k=1}^{n}x_k + \frac{1}{n}\sum_{k=1}^{n}\overline{x}^2 \\ &= \overline{x^2} - 2\overline{x}^2 + \overline{x}^2 = \overline{x^2} - \overline{x}^2 \end{aligned}$$

第1章　練習問題

1. 次の各式を展開せよ．

(1) $(-2a+b-3c)^2$　(2) $(x^2+3xy-y^2)(2x-5y)$

(3) $(3a-2b)^3$　(4) $(x+1)(x^2+x+1)(x^2-x+1)^2$

2. 次の各式が x についての恒等式になるように，定数 a, b, c の値を定めよ．

(1) $3x^2+2x+5=a+b(x-1)+c(x-1)(x-2)$

(2) $x^3-2x^2-3x+5=(x+1)^3+a(x+1)^2+b(x+1)+c$

3. 次の各式を因数分解せよ．

(1) $6x^2+5x-6$　(2) $(x+y+1)(x-2y+1)-4y^2$

(3) $a^2b+a^2c-b^2c-ab^2$　(4) $a^4+3a^2b^2+4b^4$

4. 次の各組の整式の最大公約数と最小公倍数を求めよ．

(1) a^3b^2d,　ab^4c^3,　$a^2b^3c^2$

(2) x^3+3x^2,　x^5-9x^3,　x^3+2x^2-3x

5. 次の各問に答えよ．

(1) $\dfrac{x}{b-c}=\dfrac{y}{c-a}=\dfrac{z}{a-b}$ であるとき，$ax+by+cz$ の値を求めよ．

(2) $a:b=c:d$ のとき，$\dfrac{a+b}{b}=\dfrac{c+d}{d}$ の等式が成り立つことを証明せよ．

6. 次の整式の割り算をせよ．

(1) $(x^3-ax+1)\div(x^2+1)$　(2) $(x^2+3x+2)\div(x-a)$

7. x^4-1 を整式 $P(x)$ で割ったら，商が $x^3-3x^2+9x-27$ で，余りが 80 であった．$P(x)$ を求めよ．

8. 整式 $Q(x)$ を $x-1$ で割っても，$x-2$ で割っても，余りが 1 であった．$Q(x)$ を x^2-3x+2 で割ったときの余りを求めよ．

9. 次の分数式を計算せよ．さらに分子の次数が分母の次数以上のときは，$Q+\dfrac{R}{G}$ の形に直せ．

(1) $\dfrac{x^2+5x+6}{x^2+2x-3}$　(2) $\dfrac{x^2-2x-3}{x^3-6x^2+9x}$

(3) $\dfrac{x^2+x+1}{x+2}+\dfrac{x^2+2x-1}{x-1}$　(4) $\dfrac{1}{a-1}-\dfrac{1}{a+1}-\dfrac{2}{a^2+1}-\dfrac{4}{a^4+1}$

10. 2 つの複素数 α, β に対して，$|\alpha\beta|=|\alpha||\beta|$ が成り立つことを証明せよ．

11. 次の各式の計算をせよ．

(1) $\sqrt{-4}\sqrt{-9}$　(2) $(2-5i)\overline{(2-5i)}$　(3) $\overline{\left(\dfrac{1}{i}\right)}+\overline{i}$

12. 2 種類の量からなるデータ $\{(x_1,y_1),(x_2,y_2),\ldots,(x_n,y_n)\}$ に対し，共分散は，$v_{xy}=\dfrac{1}{n}\displaystyle\sum_{k=1}^{n}(x_k-\overline{x})(y_k-\overline{y})$ で定義される．また，相関係数は，$r_{xy}=\dfrac{v_{xy}}{\sqrt{v_x v_y}}$ で定義される．さらに，定数 a, b, c, d に対し，$w_k=ax_k+b$, $z_k=cy_k+d$ $(k=1,2,\ldots,n)$ とおく．次を示せ．

(1) $v_w=a^2v_x$, $v_z=c^2v_y$　(2) $v_{wz}=acv_{xy}$　(3) $r_{wz}=r_{xy}$

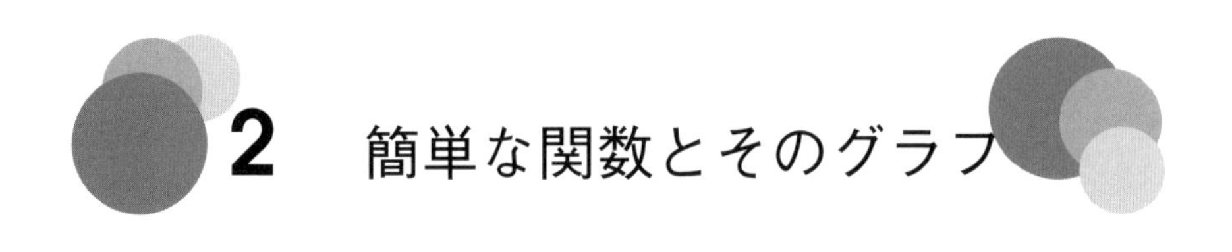

2 簡単な関数とそのグラフ

この章では，関数についての基礎的な知識と，いくつかの簡単な関数について学習します．まず，関数とは何かや関数の性質について見ていきます．次に，3次までの多項式関数について，そのグラフの形状をみます．最後に，逆関数とそのグラフ，グラフの移動についての一般論について考察します．

2.1 関数の式とグラフ

ここでは，関数の式とグラフについて見ていきます．

2つの量の関係で，（原因と結果とは限りませんが）一方の値が決まるともう一方の値が決まるとき，この2つの量は**関数関係**にあるといいます．前者を**独立変数**といい，後者を**従属変数**といいます．この本では，ほとんどの場合，独立変数を x，従属変数を y で表します．また x, y は実数 $\boldsymbol{R}$ の中を動くとします．関数 f において，x のとりうる範囲を関数 f の**定義域**といい，y のとりうる範囲を**値域**といいます．

関数関係を数式を用いて表したとき，これを**関数の式**といいます．関数の式は，従属変数 y を左辺において $y=$ とし，右辺を独立変数 x のみの式 $f(x)$ として，$y=f(x)$ の形で表すことが多いです．この場合，右辺の式の性質によって関数の分類が行われます．関数の式の等号は，「x, y にどのような値を代入しても常に成り立つもの」ではありません．

関数を表すもう1つの方法として**グラフ**があります．関数のグラフとは，関数関係を満たす独立変数 x と従属変数 y の値の組の集合のことで，図を用いてこれを表します．通常は，x 軸と y 軸の**直交座標軸**を持つ $\boldsymbol{xy}$**-平面**上に図示します．応用上現れる多くの関数は，式やグラフを用いて表すことができます．関数関係のいろいろな性質を知る上で，関数の式やグラフから，どのようにして性質が導かれるかの理解が重要になります．

独立変数の増減と従属変数の増減が一致しているとき，関数は**増加**しているといい，そのときグラフは右上がりになります．従属変数の増減が独立変数の増減とは逆になっているとき，関数は**減少**しているといい，そのときグラフは右下がりになります．

また，独立変数の値の変化に対し，従属変数の値の変化が大きいときグラフの傾きは急になり，それが小さいときはグラフの傾きは緩やかになります．

また，グラフの図形的な性質として，対称性を考えることがあります．y 軸対称なグラフを持つ関数を**偶関数**といい，この性質は $f(-x) = f(x)$ という式でも表せます．また，原点対称なグラフを持つ関数を**奇関数**といい，この性質は $f(-x) = -f(x)$ という式でも表せます．

2.2　1 次関数

右辺が独立変数の 1 次式である関数を 1 次関数といいます．x の 1 次式は一般に $ax + b$ $(a \neq 0)$ と表せますから，1 次関数の一般形は

$$y = ax + b$$

となります（最高次の係数が 0 にならないことは今後断りません）．

まず，関数の式からわかる特徴をいくつか考えてみましょう．x の値が x_1 から x_2 に変化したとき y が y_1 から y_2 に変化したとすると，

$$y_1 = ax_1 + b,\quad y_2 = ax_2 + b \quad \text{より} \quad y_2 - y_1 = a(x_2 - x_1)$$

となるので，y の値の増減は，x の値の増減と係数 a によって決まり，定数項の b にはよらないことがわかります．さらに，この関係式は**比例**になっています．つまり x の変化量に y の変化量は比例しています．

次に，1 次関数のグラフを考察します．よく知られているように，1 次関数のグラフは直線になります．このとき，1 次の係数 a を**傾き**といいます．$a > 0$ ではグラフは右上がりになり，$a < 0$ ではグラフは右下がりになります．

定数項 b を $\boldsymbol{y}$ **切片**ともいい，y 軸とグラフの交点の y 座標を表しています．グラフは直線で，$b > 0$ では**原点** $(0, 0)$ の上を通り，$b < 0$ では原点の下を通り，$b = 0$ では原点を通ります．$b = 0$ のときグラフは原点対称になります．

$ax + b = a(x + b/a)$ と変形したとき，$-b/a$ を $\boldsymbol{x}$ **切片**といい，x 軸とグラフ

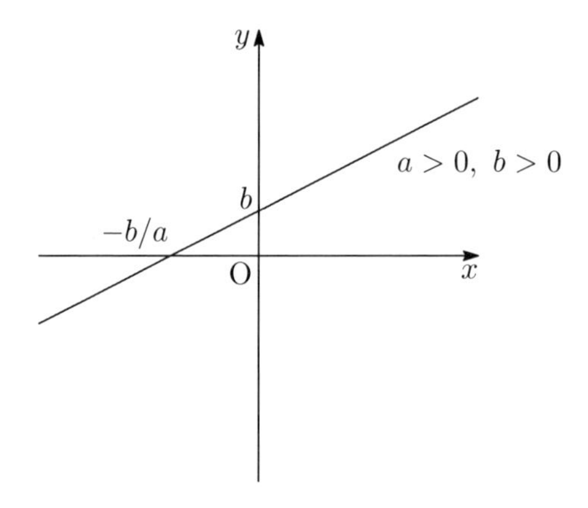

図 **2.1**　1次関数のグラフ

の交点の x 座標を表します．a, b が同符号ならグラフは原点の左にあり，異符号なら原点の右にあります．

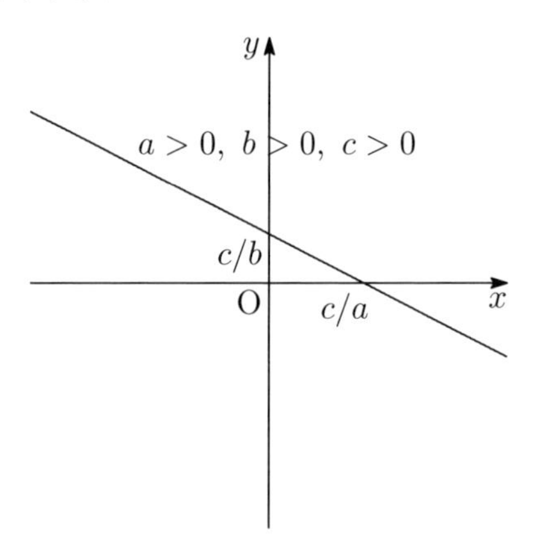

図 **2.2**　平面上の直線

逆に，平面上の直線を1次関数のグラフとしてみた場合，x 軸に平行（水平）な直線は傾きが0なので $a=0$ となり，また，y 軸に平行（鉛直）な直線は傾きがない（無限大）なので，a が決まりません．したがって，両者の場合は，1次関数のグラフではありません．平面上の直線全部を一般的な式で表すには，1次関数を用いるより，

$$ax + by = c$$

という形の式（**直線の方程式**）を用います．このとき，$a=0$ が x 軸に平行な直線を表し，$b=0$ が y 軸に平行な直線を表します．ただし，a, b が同時に 0 になることはないものとします．$b \neq 0$ の場合には，左辺の第 1 項を右辺に移項して，両辺を b で割れば，1 次関数の式を導くことができます．c/a, c/b をそれぞれ x 切片，y 切片といいます．直線の一般形において，a, b, c の正負に応じて，傾きや原点との位置がどのように変化するか各自で考察してみましょう．

例題 2.1　2 点 $(1,4)$, $(3,2)$ を通る 1 次関数の式を求めよ．

解答　2 点 $(1,4)$, $(3,2)$ を通る直線の傾きは，

$$\frac{2-4}{3-1} = \frac{-2}{2} = -1$$

である．傾き -1 の直線が点 $(1,4)$ を通るのだから，$-(x-1)+4=-x+5$ として，求める直線の方程式は

$$y = -x + 5$$

となる．

2.3　2 次関数

右辺が x の 2 次式である関数を 2 次関数といいます．2 次関数の一般形は

$$y = ax^2 + bx + c$$

となります．2 次関数も最高次の係数 a の正負に応じて，大きく変化します．

x の絶対値が大きい（原点から遠い）とき，2 次関数の値はおおよそ第 1 項 ax^2 で決まります．したがって，$a>0$ なら正負どちらの場合も原点から遠ざかるほど y の値は大きくなり，$a<0$ の場合は y の値が小さく（負で絶対値は大きく）なります．

x の値の変化に対する y の値の変化の割合は，原点から遠ざかるほど大きくなります．この事実は，

$$\begin{aligned} y_2 - y_1 &= (ax_2^2 + bx_2 + c) - (ax_1^2 + bx_1 + c) \\ &= 2ax_1(x_2 - x_1) + a(x_2 - x_1)^2 + b(x_2 - x_1) \end{aligned}$$

としてわかります．すなわち，x の変化量 $(x_2 - x_1)$ が一定でも x_1 の絶対値が大きいほど y の変化量も大きいことがわかります．

2次関数のグラフの形は，a, b, c の値によらず**放物線**と呼ばれる形になります．特に，b, c の値が変わってもグラフは平行移動するだけで，全て合同になります．平行移動については2.6節で確認します．

a の値に関しては，$a > 0$ ではグラフは**下に凸**（上に開いている形）で，$a < 0$ では**上に凸**（下に開いている形）となっていて，放物線の頂点での曲がり具合は，$|a|$ が小さいほど緩やかになり，$|a|$ が大きいほどが急になります．

b, c による変化については，次のように考察します．

$$ax^2 + bx + c = a(x - p)^2 + q$$

が恒等式となるように，p, q を定めます．これは右辺を展開してみれば，

$$p = -\frac{b}{2a}, \quad -\frac{b^2 - 4ac}{4a}$$

となることがわかります．この変形については，第3章3.3節のところでも出てきます．

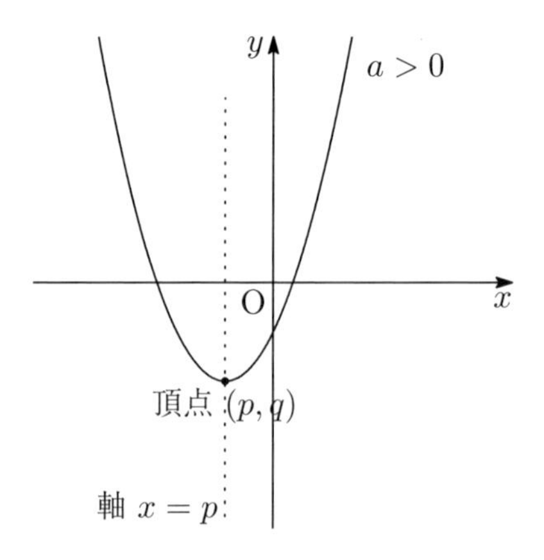

図 2.3　2次関数のグラフ

先ほどの変形をして，

$$y = a(x - p)^2 + q$$

となったものを，**2次関数の標準形**といいます．このとき，$x = p$ を**放物線の軸**といい，この軸に関してグラフは左右対称になります．また，点 (p, q) を**放**

物線の頂点といい，この点で，2 次関数は最小値（$a > 0$ のとき）または最大値（$a < 0$ のとき）をとります．$p = 0$（すなわち $b = 0$）の場合，グラフは y 軸対称になります．標準形については，2.6 節のところで詳しく見ます．

2 次方程式 $ax^2 + bx + c = 0$ の解の個数に応じて，2 次関数のグラフと x 軸との位置関係が決まります．特に，異なる 2 実解 α, β を持つときには，

$$ax^2 + bx + c = a(x - \alpha)(x - \beta)$$

と因数分解できて，α, β はグラフと x 軸との交点の x 座標となります．

例題 2.2　頂点が $(-1, 1)$ で点 $(2, 4)$ を通る 2 次関数の式を求めよ．

解答　頂点が $(-1, 1)$ であるから，標準形で考えると $y = a(x+1)^2 + 1$ となる．これに点 $(2, 4)$ の座標を代入して $4 = a(2+1)^2 + 1$ となる．これより a を求めると $a = 1/3$ となるので，

$$y = \frac{1}{3}(x+1)^2 + 1 \quad \text{あるいは} \quad y = \frac{1}{3}x^2 + \frac{2}{3}x + \frac{4}{3}$$

となる．

2.4　3 次関数

右辺が x の 3 次式である関数を 3 次関数といいます．3 次関数の一般形は

$$y = ax^3 + bx^2 + cx + d$$

となります．3 次関数については，詳しくは第 7 章 7.3 節で考え直します．ここでは，ごく一部の場合だけを見ていきます．

$y = x^3$ という 3 次関数を考えます．不等式の一般論から，正負にかかわらず $a < b \Rightarrow a^3 < b^3$ がいえるので，この関数は x の値が増えると y の値も必ず増えます．したがって，グラフは右上がりになっています．このことは，

$$y_2 - y_1 = x_2^3 - x_1^3 = (x_2 - x_1)(x_2^2 + x_2x_1 + x_1^2)$$

と因数分解してから，

$$x_2^2 + x_2x_1 + x_1^2 = \left(x_2 + \frac{x_1}{2}\right)^2 + \frac{3x_1^2}{4} \geq 0$$

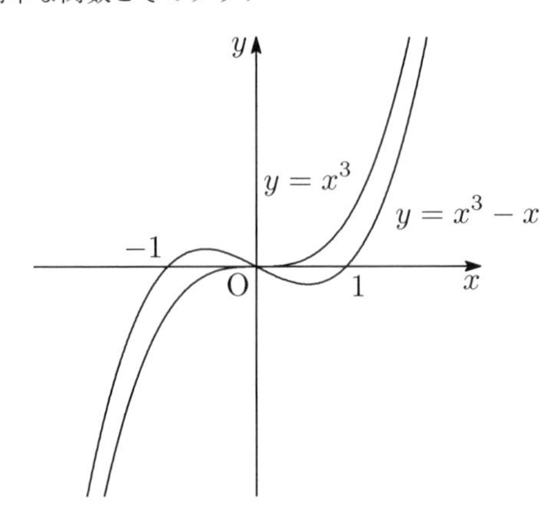

図 2.4　3次関数のグラフ

として示せます．これは3次関数の一般的性質ではありません．例えば

$$y = x^3 - x$$

という3次関数は，右辺を因数分解すると $x^3 - x = x(x^2-1) = x(x+1)(x-1)$ となるので，$x = -1,\ 0,\ 1$ の3箇所で x 軸と交わることがわかります．したがって，この3つの値を含む範囲では，グラフは右上がりになったり右下がりになったりを繰り返します．

2.5　平均変化率と増加・減少

ここまでの話で，関数の式とグラフを結びつける際にしばしば見られたのは，$y_2 - y_1$ というものを $x_2 - x_1$ を使って表した式でした．このことについて少し詳しく見ましょう．

一般に，ある変数が第1の値から第2の値に変化するとき，第2の値から第1の値を引いた値をその変数の**変化量**といい，変数の前に Δ をつけて表します．この表し方を用いると，例えば1次関数の変化量の関係式は，

$$\Delta y = a\Delta x$$

と簡単に表せます．$\Delta x \neq 0$ なら

$$\frac{\Delta y}{\Delta x} = a$$

となりますが，これは1次関数のグラフである，直線の傾きでした．この量を**平均変化率**といいます．すなわち

$$平均変化率 = \frac{\Delta y}{\Delta x} = \frac{y_2 - y_1}{x_2 - x_1}$$

です．平均変化率は2点を結ぶ線分の傾きになります．2次関数の場合は，

$$\frac{\Delta y}{\Delta x} = 2ax_1 + b + a\Delta x$$

となるので，$|x_1|$ が大きいほど，グラフの傾きが大きくなることが確認できます．

平均変化率は，値の大小は当然として，その正負も重要になります．平均変化率が正であることは，x が増加するとき関数の値も増加することを表し，平均変化率が負であることは，x が増加するとき関数の値が減少することを表します．

独立変数の増減に対し，従属変数も常に同じ増減を行う関数を**増加関数**といい，従属変数が常に逆の増減を行う関数を**減少関数**といいます．ある関数が増加関数であることと，平均変化率が常に正であることは同値であり，ある関数が減少関数であることと，平均変化率が常に負であることは同値になります．

例題 2.3　$y = -x^2 + 2x$ の $x = 0$ と $x = 3$ の間の平均変化率を求めよ．

解答　$x = 0,\ 3$ を $y = -x^2 + 2x$ に代入すると，グラフ上の2点は $(0, 0)$, $(3, -3)$ とわかる．したがって，平均変化率は

$$\frac{-3 - 0}{3 - 0} = -1$$

となる．■

2.6 グラフの平行移動

グラフの平行移動について考えてみます．ある関数 $y = f(x)$ のグラフを xy-平面上に表したとします．さらに，この関数の式において，x を X に y を Y に置き換えて，この関数のグラフを XY-平面上に表したとします．この場合，変数間の関係は同じですから2つのグラフは合同な図形となります．そこ

で，図2.6のように，この2つの座標軸を含んだ図を移動させ，少しずらして重ねたとします．こうすると2つの関数のグラフは平行移動の位置関係にあります．このとき，$Y = f(X)$ を x, y を用いて表すとどうなるでしょうか．

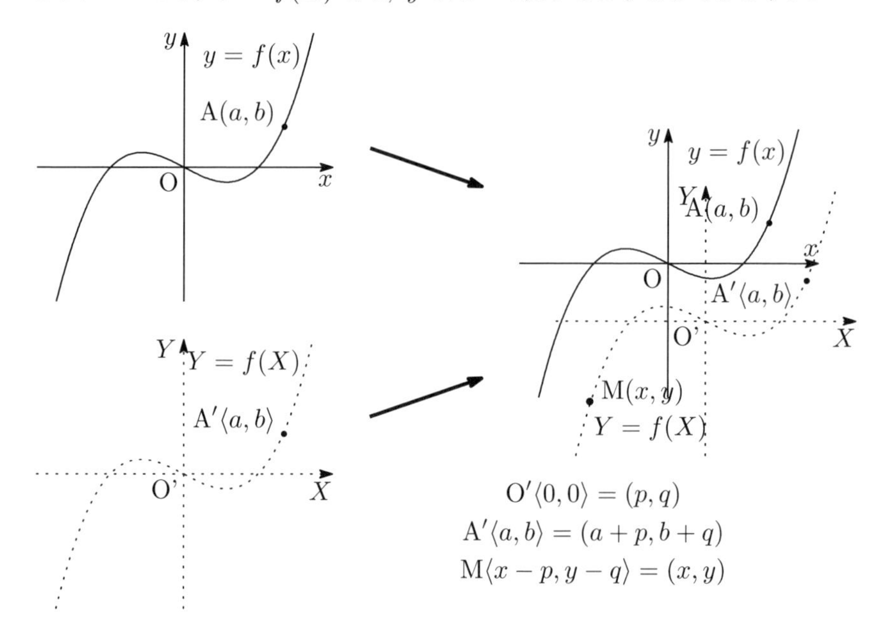

図 2.5　グラフ平行移動

関数のグラフというのは，関数の式を満たす変数の値の組の集まりなので，グラフから変数 x, y と X, Y の関係がわかれば，関数 $Y = f(X)$ の式を x, y で書き換えることができます．

XY 座標（座標を $\langle\ ,\ \rangle$ で表す）における原点 $\mathrm{O}'\langle 0, 0\rangle$ が xy 座標から見て (p, q) の位置にある，すなわち $\langle 0, 0\rangle = (p, q)$ とします．すると，点 A では $\langle a, b\rangle = (a + p, b + q)$ となります．逆に考えて，点線のグラフ上の動点 M では $\langle x - p, y - q\rangle = (x, y)$ となるので，$X = x - p$, $Y = y - q$ を関数 $Y = f(X)$ に代入すると，$y - q = f(x - q)$ すなわち $y = f(x - p) + q$ が得られます．これが，関数 $y = f(x)$ のグラフを x 軸方向に p，y 軸方向に q 平行移動して得られる図形をグラフとする関数の式です．

2次関数の標準形は

$$y = a(x - p)^2 + q$$

でしたから，これのグラフはちょうど $y = ax^2$ という 2 次関数のグラフを x 方向に p，y 方向に q だけ平行移動してできる図形になっています．$y = ax^2$ という関数は $a > 0$ のときには $x = 0$ で最小値をとり，$a < 0$ では $x = 0$ で最大値をとります．したがって，標準形の 2 次関数では，$x = p$ のところで，同様の結果を得ることができます．

平行移動の応用を考えてみます．右辺が x の分数式である関数を分数関数といいます．これらのうちで最も簡単なものは

$$y = \frac{a}{x}$$

という，**反比例**という関係を表す関数です．

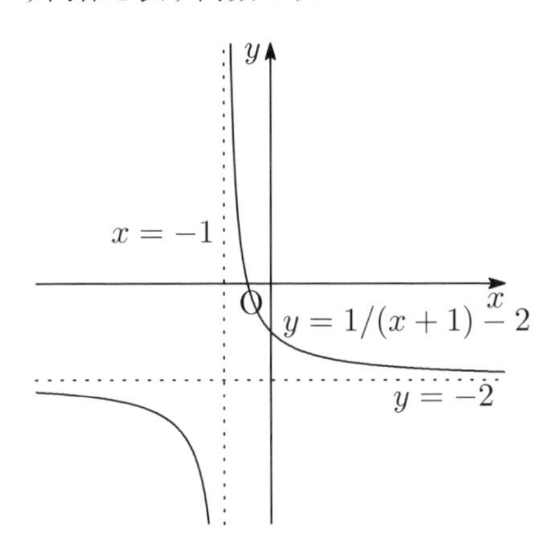

図 2.6　1 次分数関数のグラフの例

これに対し，分数関数の中で，分母が 1 次式で分子が高々 1 次式の関数を **1 次分数関数**といいます．1 次分数関数の一般形は

$$y = \frac{cx + d}{ax + b}$$

となりますが，この関数のグラフは全て，反比例のグラフの平行移動になります．このことは分数式の割り算を行い，

$$\frac{cx + d}{ax + b} = \frac{R}{ax + b} + Q$$

としたとき，R も Q も定数になることと，右辺は反比例の式の平行移動であることからわかります．x 軸，y 軸に 1 次分数関数と同じ平行移動を行うと，そ

れぞれ $y = R$, $x = -b/a$ という直線になります．これを1次分数関数の**漸近線**といいます．

例題 2.4　次の関数の式を求めよ．

(1) $y = x^2 + x$ のグラフを x 軸方向に -1，y 軸方向に1平行移動したグラフを持つ2次関数．

(2) x 軸方向に3，y 軸方向に1平行移動したグラフが，関数 $y = \dfrac{1}{2x}$ のグラフに重なる関数．

解答　(1) 関数の式で x を $x+1$ で置き換え，右辺に1を加えればよいので，$(x+1)^2 + (x+1) + 1 = x^2 + 3x + 3$ より，求める関数の式は

$$y = x^2 + 3x + 3$$

となる．

(2) 逆に平行移動すれば元の関数の式が得られるので，x を $x+3$ で置き換え，右辺に -1 を加えると，

$$y = \frac{1}{2x+6} - 1$$

となる．

2.7　逆関数とそのグラフ

関数関係で独立変数・従属変数の役割を入れ替えることがあります．それまでの従属変数の値を決めたとき，それまでの独立変数の値が決まるという関係が得られるとき，これを元の関数の**逆関数**といいます．

逆関数の式を求めるには，関数の式 $y = f(x)$ を未知数 x の方程式だと思って，これを解いて $x = g(y)$ という式を求めます．さらに文字 x, y を入れ替えて，$y = g(x)$ という式にします．

関数の式から逆関数の式を求めるのは，一般にはあまり簡単ではありませんが，関数のグラフから，逆関数のグラフを作るのは簡単です．逆関数の式ではそれまでの変数が入れ替わるので，逆関数のグラフも x 軸と y 軸を入れ替えたものになります．それを従来の図に重ねると，直線 $y = x$ を対称軸として線

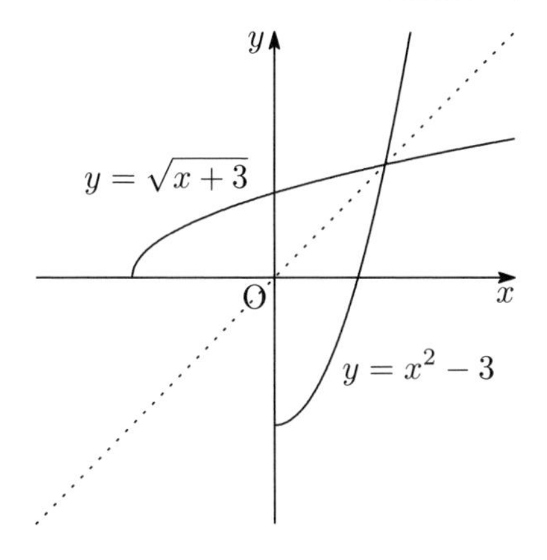

図 2.7 逆関数のグラフの例

対称で移したグラフが得られます．

> **例題 2.5** 関数 $y = 2x + 1$ の逆関数の式を求め，グラフをかけ．

解答 $y = 2x + 1$ を x について解くと $x = (y - 1)/2$ となるので，x と y の文字を入れ替えて，

$$y = \frac{1}{2}x - \frac{1}{2}$$

を得る．この関数のグラフは下図のようになる．

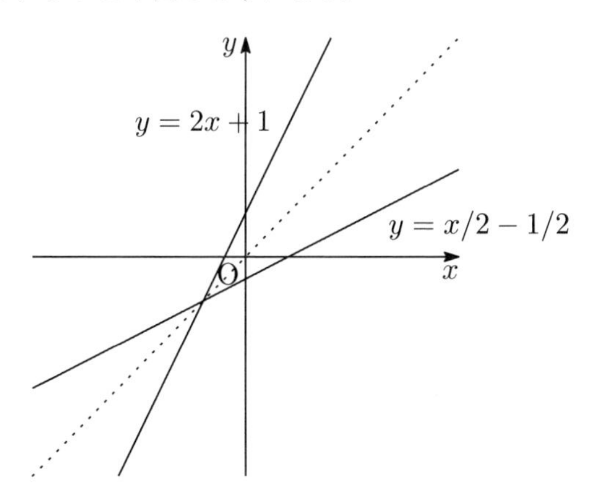

2.8 関数の式変形とグラフ

関数 $y = f(x)$ のグラフと，この関数の式に1次の変形を施した関数 $y = af(bx-p)+q$ のグラフの比較を考察します．

まず，2.6節で述べたとおり，$f(x-p)$ は x 軸方向の平行移動，$f(x)+q$ は y 軸方向の平行移動を引き起こし，これらは独立した動きなので $f(x-p)+q$ は斜め方向の平行移動になります．

次に，$af(x)$ は同じ x の値に対し y の値は a 倍されているので，グラフ全体も y 軸方向に a 倍拡大されたものになります．もちろん，$|a| < 1$ なら，これは縮小を意味し，$a < 0$ では上下の反転を伴います．

次に，$f(bx)$ は $1/b$ 倍の x の値に対し，f のカッコ内が同じ値になりますので，そのとき y の値も同じになります．したがって，グラフ全体は x 軸方向に $1/b$ 倍拡大されたものになります．$|b| > 1$ なら縮小を意味し，$b < 0$ なら左右の反転を伴います．

最後に，$af(bx-p)+q$ は，以上のすべての変形を行いますが，これは f のカッコ内は，演算と逆順に，f の外側では演算の順序に従って行われます．すなわち，$y = f(x)$ のグラフに，最初に x 軸方向 p の平行移動，次に x 軸方向 $1/b$ 倍の拡大，次に y 軸方向 a 倍の拡大，最後に y 軸方向 q の平行移動を行ったものが $y = af(bx-p)+q$ のグラフになります．

表 2.1　式変形とグラフの変形の関係

式	グラフの変形
$f(x-p)$	x 軸方向 p の平行移動
$f(x)-q$	y 軸方向 q の平行移動
$af(x)$	y 軸方向 a 倍の拡大
$f(bx)$	x 軸方向 $1/b$ 倍の拡大

第2章　練習問題

1. 次の関数の中で，区間 $[0,1]$ で増加関数であるものは1，減少関数であるものは2，どちらでもないものは3を記入せよ．

(1) $y = -3x^2 + 5x + 2$ [ ]　(2) $y = -4x^2 + 9x - 5$ [ ]

(3) $y = -2x^2 - 4x + 3$ [ ]　(4) $y = 4x^2 - 7x$ [ ]

2. 次の条件をみたす 2 次関数をそれぞれ求めよ．

(1) 直線 $x = 2$ を軸とし 2 点 $(-1, -1)$, $(4, 2)$ を通る．

(2) 3 点 $(-2, 3)$, $(-1, 0)$, $(1, 6)$ を通る．

(3) 頂点が $(-2, 3)$ で点 $(-3, 1)$ を通る．

3. 次の分数関数のグラフをかけ．また，漸近線の方程式を求めよ．

(1) $y = \dfrac{1}{x-1}$　(2) $y = \dfrac{2x+3}{x+2}$

4. 次の関数の最大値および最小値を求めよ．ただし，( ) 内は定義域である．

(1) $y = x^2 - 2x - 2 \ (-1 \leq x \leq 5)$

(2) $y = \dfrac{x+2}{2x-1} \ \left(-2 \leq x \leq 2,\ x \neq \dfrac{1}{2}\right)$

5. 次の関数の逆関数を求めよ．

(1) $y = 2x - 1$　(2) $y = x^2 - 1 \ (x \geq 0)$　(3) $y = \dfrac{x-1}{x+3}$

6. 関数 $f(x)$ に対し，$g(x) = \dfrac{f(x) + f(-x)}{2}$ として関数 $g(x)$ を作る．このとき関数 $g(x)$ は偶関数であることを証明せよ．

7. 次の関数が偶関数か奇関数かどちらでもないか答えよ．

(1) $y = x^2$　(2) $y = x^3$　(3) $y = x - x^2$

(4) $y = \dfrac{2x}{x^2+3}$　(5) $y = \sqrt{x^2+1}$　(6) $y = x^4 - x$

3　方程式

この章では，方程式とは何かということと，いくつかの方程式の解き方について学習します．方程式やその解とは何かや，式変形についてみたあと，2 次までの方程式や連立方程式の具体的な解法について見ていきます．3 次以上の方程式を解くには，因数定理を利用します．方程式とは何かや同値変形については付録 A，B も参考にしてください．この章までに現れた等式のそれぞれの差にも注意する必要があります．

3.1　方程式とは

いくつかの未知なる値，すなわち**未知数**が等式によって関係付けられているとき，その関係式のことを方程式といいます．例えば

$$2x + 3 = 1, \quad x^2 + y^2 = 1$$

というのは，前者は 1 つの未知数 x を含む方程式であり，後者は 2 つの未知数 x, y を含む方程式です．未知数の個数が 2 個の場合を **2 元**，3 個の場合を **3 元**といい，一般に 2 個以上のことを**多元**といいます．

方程式における等号は常には成り立ちません．例えば上式の左の式に $x = 1$ を代入すると "$2 \times 1 + 3 = 1$" という等式が得られますが，この等式は偽です．ところが，同じ式に $x = -1$ を代入してできる "$2 \times (-1) + 3 = 1$" という等式は真です．

方程式において等式が真になる未知数の値（多元の場合は未知数の値の組）のことをその方程式の**解**といいます．方程式の解を見つけることを方程式を解くといいます．

いくつかの方程式を同時に満たす解を探す場合，そのいくつかの方程式の組のことを**連立方程式**あるいは**方程式系**といいます．連立方程式の解とは，連立

方程式を構成する単独方程式の解の集合の共通部分のことです．

方程式の解は，図形的に表すこともできます．2 元の場合は，2 つの未知数の直交座標を作り，その座標平面上の図形として表せます．連立方程式の場合は，単独方程式の解は座標平面上の図形となり，その共通部分である共有点が連立方程式の解になります．

3.2　1 次方程式の解法

等式が未知数に関する 1 次式のとき，その方程式を 1 次方程式といいます．1 元 1 次方程式は整理すると

$$ax + b = 0$$

という形にできます．

この方程式を解くのに，いちいち値を代入していてはキリがないし，解がいくつあるかもわかりません．方程式を解くには主に**同値変形**という式の操作を用います．

同値変形とは，変形前後の真偽が常に等しい変形のことです．

同値変形 I

(i)　等式の両辺に等しいものを足す

(ii)　等式の両辺に 0 でない等しいものを掛ける

これらのことは次のようにも表せます．

同値変形 I

(i)　$A = B \iff A + C = B + C$

(ii)　$C \neq 0$ のとき $A = B \iff AC = BC$

ここで，和は差を，積は商を含んでいます．両辺に 0 をかける式変形は偽な等式も真な等式にするので同値変形ではありません．和や差を使った同値変形の特別な場合が**移項**です．上の (i) 式で A を $A - C$ に置き換えると，移項の同値変形になります．移項するとその項の符号が逆になります．

同値変形 II

(iii)　「$f(A) = B$ かつ $A = C$」$\iff$「$f(C) = B$ かつ $A = C$」

(iv)　$AB = 0 \Longleftrightarrow$「$A = 0$ または $B = 0$」
(v)　「$A^2 = B$ かつ $B \geq 0$」$\Longleftrightarrow$「$A = \sqrt{B}$ または $A = -\sqrt{B}$」

また，II も同値変形です（(v) は実数の範囲で考えた場合のみ同値となります）．(iii) の同値変形は $A = C$ が恒等式の場合を含みます．すなわち方程式の片方の辺を式変形する場合を含んでいます．同値変形では，変形前後の解が必ず一致します．同値変形以外の変形を用いた場合は，変形前後の解の関係について注意する必要があります．特に未知数を含んだ式をかける式変形をした場合，変形後の方程式では解が増えることがあるので，得られたものが最初の方程式を満たすかどうかの確認が必要になります．

実際に $2x + 3 = 1$ を解いてみましょう．

$$
\begin{aligned}
2x + 3 = 1 &\Longleftrightarrow 2x + 3 - 3 = 1 - 3 \\
&\Longleftrightarrow 2x = -2 \\
&\Longleftrightarrow 2x \div 2 = -2 \div 2 \\
&\Longleftrightarrow x = -1
\end{aligned}
$$

最終的にできた式 $x = -1$ が元の方程式の解を表す式にもなっています．それぞれどの同値変形を用いたか，自分で確認して下さい．

解答を書くときは，通常 $\Longleftrightarrow$ を省略しますが，その変形が同値であるか否かは意識しておかなくてはなりません．

一般の 1 次方程式 $ax + b = 0$ の解は次のようになります．

1 次方程式の解

$$
x = \begin{cases} -b/a & a \neq 0 \text{ のとき} \\ \text{不能} & a = 0 \text{ かつ } b \neq 0 \text{ のとき} \\ \text{不定} & a = 0 \text{ かつ } b = 0 \text{ のとき} \end{cases}
$$

3.3　2 次方程式の解法

未知数 x に関する 2 次式である 1 元 2 次方程式は，整理すると

$$
ax^2 + bx + c = 0
$$

となります．$a=0$ の場合は1次方程式になりますので，$a \neq 0$ の場合のみを考えます．

2次方程式は，2次式の因数分解との関連が重要です．x の2次式 ax^2+bx+c が $ax^2+bx+c=a(x-\alpha)(x-\beta)$ と因数分解できるなら，

$$ax^2+bx+c=0 \Longleftrightarrow a(x-\alpha)(x-\beta)=0$$

ですから，同値変形II(iv) を使えば，$x=\alpha$ または $x=\beta$ が解であることがわかります．逆に，$x=\alpha$ または $x=\beta$ が解である場合，$\alpha \neq \beta$ なら第1章の因数定理より，$(x-\alpha)(x-\beta)$ を因数に持つことがわかりますから，x^2 の係数を比較して $ax^2+bx+c=a(x-\alpha)(x-\beta)$ と因数分解できます（上の同値変形を逆にたどっても示せます）．解が $x=\alpha$ のみの場合，やはり因数定理より方程式の左辺は $x-\alpha$ で割り切れて商も1次式なので，解が他にないことより，商は $a(x-\alpha)$ となり，$ax^2+bx+c=a(x-\alpha)^2$ と因数分解できます．

このように，2次式の因数分解と2次方程式の解は密接な関係がありますが，因数分解以外にも2次方程式の解を見つける方法があります．それが，2次方程式の**解の公式**といわれるもので，これを使えばどんな2次方程式も解くことができます（したがって，因数分解ができます）．解の公式はそのまま覚えても便利ですが，ここでは導出方法を見てみましょう．

第2章2.3節の2次関数の標準形を出発点とします．すなわち

$$ax^2+bx+c=a(x-p)^2+q$$

という変形で，このとき

$$p=-\frac{b}{2a},\quad q=-\frac{b^2-4ac}{4a}$$

となっていました．したがって，このとき同値変形で

$$\begin{aligned} ax^2+bx+c=0 \quad &\Longleftrightarrow \quad a(x-p)^2+q=0 \\ &\Longleftrightarrow \quad (x-p)^2=-\frac{q}{a} \quad (*) \end{aligned}$$

となります．ここで

$$-\frac{q}{a}=\frac{b^2-4ac}{4a^2} \geq 0 \Longleftrightarrow b^2-4ac \geq 0$$

であるなら，さらに同値変形ができて，

$$\iff x-p=\pm\frac{\sqrt{b^2-4ac}}{2a}$$

$$\iff x=p\pm\frac{\sqrt{b^2-4ac}}{2a}$$

となります．最後の式で，p を a, b, c で表して得られるのが次の公式です．

2次方程式の解の公式

$b^2-4ac\geq 0$ のとき，2次方程式 $ax^2+bx+c=0$ の解は

$$x=\frac{-b\pm\sqrt{b^2-4ac}}{2a}$$

である．

$b^2-4ac<0$ のときは（実数）解がないことは，$(*)$ の右辺が負になることから明らかです（複素数の範囲では $b^2-4ac<0$ でも，解が存在します）．

2次方程式と2次関数の関係については3.6節で見ることにします．

例題 3.1　次の2次方程式を解け．

(1) $3x^2+10x+3=0$　　(2) $3x^2+10x+4=0$

解答　(1) $3x^2+10x+3=(x+3)(3x+1)$ と因数分解できるので，

$3x^2+10x+3=0\iff(x+3)(3x+1)=0\iff x+3=0$ または $3x+1=0$

である（同値変形の (iii),(iv)）．これより（さらに同値変形 (i)，(ii) を用いれば）

$$x=-3 \text{ または } x=-\frac{1}{3}$$

となる．

(2) 解の公式より

$$x=\frac{-10\pm\sqrt{52}}{6}=\frac{-5\pm\sqrt{13}}{3}$$

となる．

3.4　単独2元方程式

単独2元方程式の解は一般に平面上の（特別な場合として直線を含む）曲線になります．第2章2.2節でみたように1次方程式 $ax + by = c$ の解は直線になりますし，最初に出た方程式 $x^2 + y^2 = 1$ は原点を中心とした半径1の円周が，解の表す図形となります．一般に2次方程式の解は**2次曲線**と呼ばれ，直線などの特別な場合を除けば**楕円・放物線・双曲線**といわれる図形になります．また，第2章で見た関数のグラフも，関数の式を x，y の2元方程式としてみた場合の解の表す図形となっています．

3.5　連立1次方程式

未知数が2つあって方程式も2つあり，それぞれが未知数の1次式であるものを**2元連立1次方程式**（より正確には2元2立連立1次方程式）といいます．前節で述べたように，それぞれの方程式は平面上の直線が解になっています．式が2つあるので，この連立方程式の解は2直線の交点となります．したがって，通常，解は1組 x，y が1つずつ決まる）になりますが，2直線が平行な場合には解がなくなり，2直線が一致する（2つの方程式が同値の）場合には，解は直線になる（無数にある）ことになります．

2元連立1次方程式の解法はいくつかありますが，ここでは，初等的な2つの方法を紹介します．

代入法

次のような解法を代入法といいます．

$$\begin{cases} 2x + y = 5 & \cdots ① \\ 3x - 2y = 4 & \cdots ② \end{cases}$$

① より，$y = -2x + 5 \cdots ③$ となる．これを②に代入すると
$3x - 2(-2x + 5) = 4$ となるので，この1次方程式を解いて $x = 2$ がでる．これを③に代入して $y = 1$ となる．

加減法

次のような解法を加減法といいます．

$$\begin{cases} 2x + 5y = 7 & \cdots ① \\ 3x - 4y = 2 & \cdots ② \end{cases}$$

①の4倍に②の5倍を足すと

$$\begin{array}{rcrcr} 8x & + & 20y & = & 28 \\ +)\ 15x & - & 20y & = & 10 \\ \hline 23x & & & = & 38 \end{array}$$

これより $x = \dfrac{38}{23}$ である.

①の3倍から②の2倍を引くと

$$\begin{array}{rcrcr} 6x & + & 15y & = & 21 \\ -)\ 6x & - & 8y & = & 4 \\ \hline & & 23y & = & 17 \end{array}$$

これより $y = \dfrac{17}{23}$ である.

したがって,

$$\begin{cases} x = \dfrac{38}{23} \\ y = \dfrac{17}{23} \end{cases}$$

である.

どちらの解法を用いても解は同じになります. また, どちらの場合も同値変形の (i), (ii), (iii) を適宜用いて変形しています.

例題 3.2　次の連立1次方程式を解け.

$$\begin{cases} 55x + 39y = 400 & \cdots ① \\ 17x + 41y = 25 & \cdots ② \end{cases}$$

解答　① × 41 − ② × 39 より $1592x = 15425$ となるので, $x = 15425/1592$. ① × 17 − ② × 55 より $-1592y = 5425$ となるので, $y = -5425/1592$ となる. ■

3.6　2次方程式と2次関数

2次関数 $y = ax^2 + bx + c$ と x 軸 $(y = 0)$ をそれぞれ単独方程式と見て, これを連立させて解くことを考えます. この連立方程式は図形的に見れば, 2次関数のグラフである放物線と x 軸（直線）の交点を求めることに相当します. 放物線と直線の形状から, 交点は2個または1個（**重解**という）または0個となることがわかります．

第2章で述べた通り，$a > 0$ では放物線は上に広がっていて，標準形に直した場合 $x = p$ で最小値 $y = q$ となりますので，$q > 0$ では x 軸との交点はなく，$q = 0$ で1個，$q < 0$ では2個の交点を持つことになります．$a < 0$ の場合は q の符号を逆にして同様のことが言えます．q を a, b, c で表すと，a の符号によらず $b^2 - 4ac > 0$ では交点が2個，$b^2 - 4ac = 0$ では交点が1個，$b^2 - 4ac < 0$ では交点がないことになります．

交点の y 座標は既知 $(y = 0)$ なので，問題は x 座標のみとなります．したがって，連立方程式

$$\begin{cases} y = ax^2 + bx + c & \cdots ① \\ y = 0 & \cdots ② \end{cases}$$

を代入法で解くことにすると②を①に代入して

$$0 = ax^2 + bx + c$$

という未知数 x に関する2次方程式が得られ，これの解が連立方程式の解の x 座標，すなわち2次関数と x 軸との交点の x 座標となります．このことからも2次方程式 $ax^2 + bx + c = 0$ の解の個数が $b^2 - 4ac$ という値の符号によることがわかります．この $b^2 - 4ac$ を2次方程式の**判別式**といいます．

一般に，放物線 $y = ax^2 + bx + c$ と直線 $y = \ell x + m$ の交点を求める場合，この2つの式を連立させて2次方程式 $ax^2 + bx + c = \ell x + m$ を作り，これを解くことによって交点の x 座標を求めることができます．

3.7　方程式の複素数値解

実係数2次方程式 $ax^2 + bx + c = 0$ は，判別式が負の場合は実数値解を持ちません．しかし，方程式に代入する数を複素数の範囲まで広げると方程式を真にする値が存在します．これを方程式の**複素数値解**といいます．第1章1.4節の例より，x_1 が方程式の解なら $\bar{x}_1$ も解になります．2次方程式の解は高々2個ですから，解 x_1 が複素数なら $\bar{x}_1$ はもう1つの解ということになます．このことは，2次方程式の解の公式からも確かめられます．

3次以上の実係数方程式 $f(x) = 0$ においても，複素数値解 $x = \alpha$ が存在すれば，その共役複素数 $x = \bar{\alpha}$ も同じ方程式の解になります．2次方程式の解と

係数の関係より $\alpha+\bar{\alpha}=2\mathrm{Re}\,\alpha$, $\alpha\bar{\alpha}=|\alpha|^2$ はどちらも実数なので，$f(x)$ は実係数2次式を因数に持つことがわかります．**代数学の基本定理**によれば，n 次方程式は複素数の範囲内で重解も含め n 個の解をもちます．実係数の場合は，複素数値解はすべてその共役複素数と組で解になるので，$f(x)$ は実係数の範囲内で，実数値解から来る1次式と複素数値解から来る2次式の積に因数分解されます．

第3章　練習問題

1. 次の2次方程式を解け．

(1) $2x^2+3x+4=0$　(2) $x^2+2x=18-x$

2. 2次方程式 $2x^2+4x-5=0$ の2つの解を α, β とするとき，次の値を求めよ．

(1) $\alpha^2+\beta^2$　(2) $\dfrac{1}{\alpha}+\dfrac{1}{\beta}$

(3) $\dfrac{\beta^2}{\alpha}+\dfrac{\alpha^2}{\beta}$　(4) $\alpha^4+\beta^4$

3. 次の連立方程式を解け．

(1) $\begin{cases}-3x+y &= 4\\ 5x-2y &= -3\end{cases}$　(2) $\begin{cases}3x+y &= 1\\ x-2y &= 3\end{cases}$

(3) $\begin{cases}2x+y &= 3\\ 2x^2-y^2-3y+2 &= 0\end{cases}$　(4) $\begin{cases}x+2y &= 1\\ x^2+xy+2y^2 &= 2\end{cases}$

4. 次の方程式を解け．

(1) $(x^2+2x)^2+7(x^2+2x)-18=0$

(2) $(x^2+4x)^2-(x^2+4x)-20=0$

(3) $x^3+3x^2-4=0$

(4) $\dfrac{2(x+1)}{x^2+2x-15}-\dfrac{1}{x+5}=\dfrac{x}{x-3}$

(5) $\dfrac{x-6}{x^2-4}+\dfrac{1}{x-1}=\dfrac{x-4}{x^2+x-2}$

5. 2次関数 $y=2x^2+5x+4$ について次の問に答えよ．

(1) 標準形に直せ．

(2) 定義域が $[-2,3]$ のとき，値域を求めよ．

(3)　直線 $y = kx + 1$ がこの放物線に接するように k の値を定めよ.

4　三角関数

この章では，三角形の辺の比から定まる三角比と，その一般化である三角関数について学習します．まず，三角比では，それぞれの三角比の相互の関係式を三平方の定理などを利用して導きます．次に，角度の単位の一種である弧度法についての説明と角度を拡張した一般角についてみます．その次に，三角関数を導入し，その性質とグラフをみます．最後に，逆三角関数を導入します．

4.1　三角比

下図の直角三角形において，辺 AC と辺 BC の比を ∠BAC の**正弦**（**サイン**）といい，角の大きさを A としたとき

$$\sin A = \frac{\mathrm{BC}}{\mathrm{AC}}$$

と表します．同様に，辺 AC と辺 AB の比を ∠BAC の**余弦**（**コサイン**）といい

$$\cos A = \frac{\mathrm{AB}}{\mathrm{AC}}$$

と表します．辺 AB と辺 BC の比を ∠BAC の**正接**（**タンジェント**）といい

$$\tan A = \frac{\mathrm{BC}}{\mathrm{AB}}$$

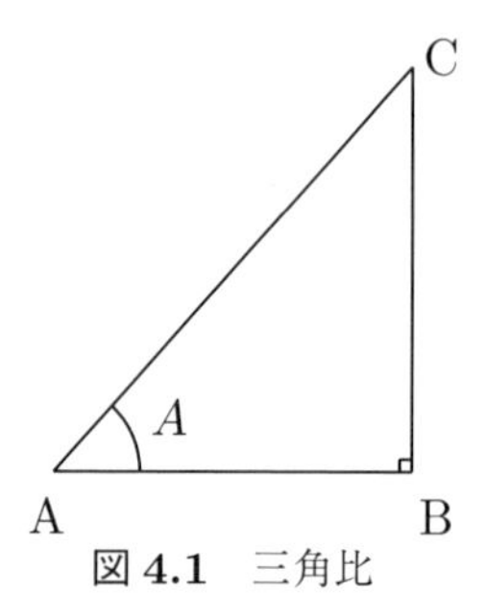

図 4.1　三角比

と表します．これらの比を**三角比**といいます．三角比は角度の大きさのみで決まり，直角三角形の大きさには依存しません．直角三角形以外の三角形の角に対しても，**鋭角**（直角より小さい角）には上の頂点から下辺に垂線を下ろして直角三角形を作り，この値を三角比として適用します．**鈍角**（直角より大きい角）に対しては，同じく垂線を下ろして逆側に直角三角形を作りますが，余弦と正接の値には負号をつけます．直角に対しては，正弦を 1，余弦を 0 として，正接の値はありません．

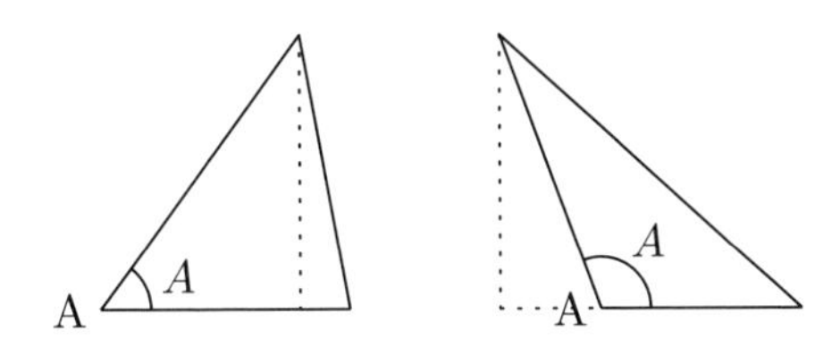

図 4.2 鋭角三角形と鈍角三角形

例題 4.1 次の三角比の値を求めよ．

(1) $\sin 45^\circ$ (2) $\cos 60^\circ$ (3) $\tan 135^\circ$

解答 (1) 直角二等辺三角形の辺の比は $1:1:\sqrt{2}$ なので，$\sin 45^\circ = 1/\sqrt{2}$ となる．

(2) 正三角形を 2 等分すればよいので $\cos 60^\circ = 1/2$ となる．

(3) $180^\circ - 135^\circ = 45^\circ$ なので，$\tan 135^\circ = -\tan 45^\circ = -1$ となる． ▮

三角比の性質としてすぐにわかるものは次の性質です．

$$\tan A = \frac{\sin A}{\cos A}, \qquad \sin^2 A + \cos^2 A = 1$$

ここで，$\sin^2 A = (\sin A)^2$，$\cos^2 A = (\cos A)^2$ のことで，他の冪に関しても同様の表記を用います．上の後者の式の性質は，三平方の定理

$$\mathrm{BC}^2 + \mathrm{AB}^2 = \mathrm{AC}^2$$

の両辺を AC^2 で割ることによって導けます．

この他に，三角形の性質から導けるものとして，次の定理が有名です．

三角形 ABC において，$AB = c$，$BC = a$，$CA = b$ とし，角の大きさをそれぞれ A, B, C とし，外接円の半径を R とする．このとき

第1余弦定理: $a = b\cos C + c\cos B$

第2余弦定理: $a^2 = b^2 + c^2 - 2bc\cos A$

正弦定理: $a/\sin A = b/\sin B = c/\sin C = 2R$

が成り立つ（余弦定理は A, B, C を入れ替えても同様に成り立つ）．

三角比にはこの他に**正割**・**余割**・**余接**があり，それぞれ

$$\sec A = \frac{\mathrm{AC}}{\mathrm{AB}}, \quad \mathrm{cosec}\, A = \frac{\mathrm{AC}}{\mathrm{BC}}, \quad \cot A = \frac{\mathrm{AB}}{\mathrm{BC}}$$

と表します．これらはそれぞれ，余弦・正弦・正接の 0 でないときの逆数になっています．

4.2　弧度法と一般角

弧度法　角度の大きさの測り方に**弧度法**というものがあります．弧度法は，図 4.3 のように，半径に対する円弧の長さの比（すなわち，半径 1 のときの円弧の長さ）を角度の大きさとしたもので，単位をラジアンといいます．この定義より，半径 r，角度 θ のときの円弧の長さは $r\theta$ となります．

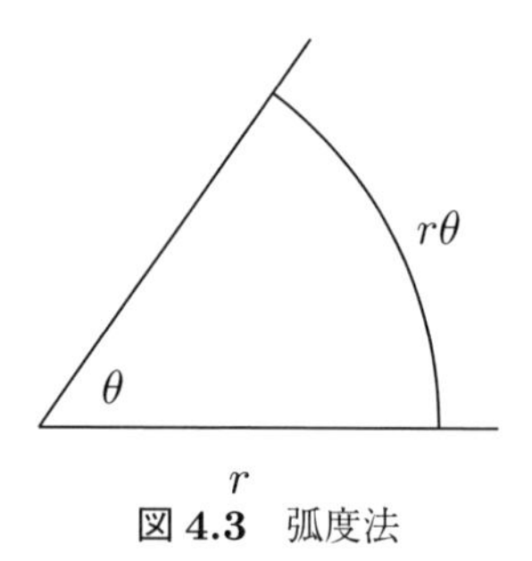

図 4.3　弧度法

弧度法と 60 分法と比べると

$$1\,(\text{ラジアン}) = \frac{180}{\pi}^{\circ}, \quad \frac{\pi}{180}(\text{ラジアン}) = 1^{\circ}$$

という関係にあります．

> **例題 4.2** 次の角を 60 分法または弧度法に変換せよ．
> (1) 30° (2) $\dfrac{\pi}{3}$（ラジアン）

解答 (1) $30^\circ = 30 \times \dfrac{\pi}{180}$（ラジアン）$= \dfrac{\pi}{6}$（ラジアン）

(2) $\dfrac{\pi}{3}$（ラジアン）$= \left(\dfrac{\pi}{3} \times \dfrac{180}{\pi}\right)^\circ = 60^\circ$ ■

一般角 次に，**一般角**を導入します．図 4.4 のように，軸 OX に対し，動径 OP が反時計回りに 2 回転して今の位置まで来たとします．反時計回りを正の方向として，$\angle\mathrm{XOP} = \alpha$ とするとき，この動径の回転角は，$\theta = \alpha + 2 \times 2\pi$（ラジアン）と見ることができます．負の角度は時計回り方向としてみると，すべての実数を角度に対応させることができます．このような角度を一般角といいます．

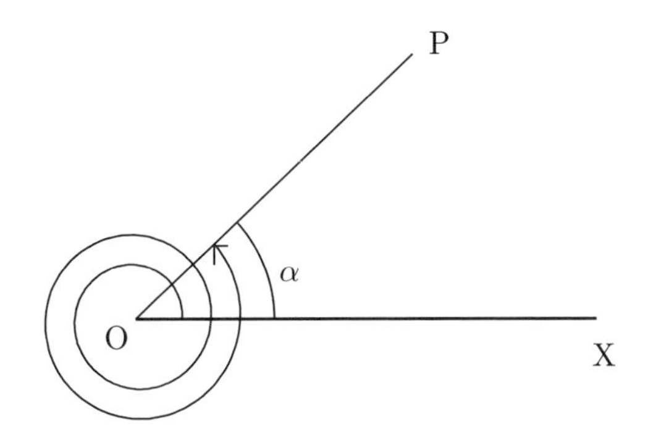

図 4.4 一般角

一般角 θ は

$$\theta = \alpha + 2n\pi \quad (0 \leq \alpha < 2\pi,\ n \in \boldsymbol{Z})$$

と表すことができます．一般角を 60 分法で表した場合は

$$\theta^\circ = \alpha^\circ + n \cdot 360^\circ \quad (0 \leq \alpha < 360,\ n \in \boldsymbol{Z})$$

となります．

4.3　三角関数

ここでは，三角比を一般化した三角関数について見ていきます．

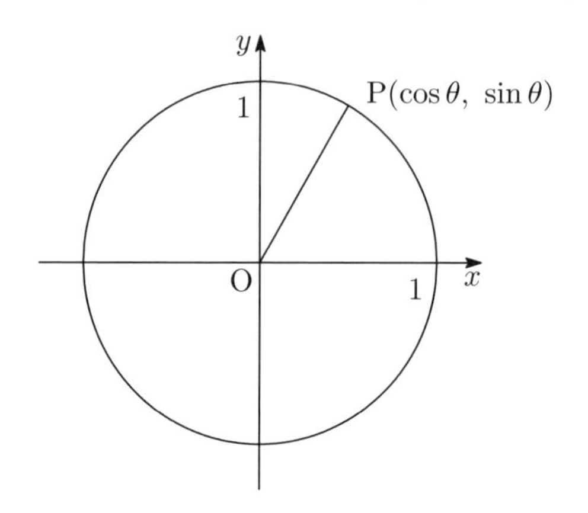

図 4.5　三角関数の定義

動点 P が点 $(1, 0)$ から出発して，動径 OP が一般角 θ だけ回転して原点中心の単位円周上を移動したとします．このとき，点 P の x 座標を $\cos\theta$ とし，y 座標を $\sin\theta$ とします．これを一般角 θ の**三角関数**といいます．さらに三角比と同様の関係式を用いて，

$$\tan\theta = \frac{\sin\theta}{\cos\theta},\quad \sec\theta = \frac{1}{\cos\theta},\quad \mathrm{cosec}\,\theta = \frac{1}{\sin\theta},\quad \cot\theta = \frac{\cos\theta}{\sin\theta}$$

と定義します．$\tan\theta$ は動径 OP の傾きに等しくなります．

三角関数においては，

(1)　$\sin(\theta + 2\pi) = \sin\theta,\quad \cos(\theta + 2\pi) = \cos\theta$

(2)　$\tan(\theta + \pi) = \tan\theta$

(3)　$\sin(\theta + \pi/2) = \cos\theta,\quad \cos(\theta + \pi/2) = -\sin\theta$

(4)　$\sin^2\theta + \cos^2\theta = 1$

が常に成りたちます．(1) は動点 P の位置と一般角の定義から，(2) は動径の傾きの関係から，(3) は P をさらに $\pi/2$ 回転させたときの座標を考えれば示せます．(4) は三平方の定理から従います．

三角関数に対する初等的な定理としては，次の**加法定理**が重要です．

加法定理

$$\sin(\theta_1 \pm \theta_2) = \sin\theta_1 \cos\theta_2 \pm \cos\theta_1 \sin\theta_2 \quad \text{（複号同順）}$$

$$\cos(\theta_1 \pm \theta_2) = \cos\theta_1 \cos\theta_2 \mp \sin\theta_1 \sin\theta_2 \quad \text{（複号同順）}$$

この定理から，倍角公式・半角公式・和積公式・積和公式などさまざまな公式が導けますが，この本では省略します．

例題 4.3 次の値を求めよ．

(1) $\sin\dfrac{7\pi}{6}$　(2) $\cos\dfrac{-\pi}{3}$　(3) $\sin\dfrac{5\pi}{12}$

解答 (1) $\dfrac{7\pi}{6} = \dfrac{\pi}{6} + \pi$ だから，第 3 象限の角であり正弦の値は負である．よって

$$\sin\frac{7\pi}{6} = -\sin\frac{\pi}{6} = -\frac{1}{2}$$

となる．

(2) $\dfrac{-\pi}{3}$ は第 4 象限の角であり余弦の値は正である．よって

$$\cos\frac{-\pi}{3} = \cos\frac{\pi}{3} = \frac{1}{2}$$

となる．

(3) $\dfrac{5\pi}{12} = \dfrac{\pi}{4} + \dfrac{\pi}{6}$ なので加法定理を適用すると

$$\sin\frac{5\pi}{12} = \sin\frac{\pi}{4}\cos\frac{\pi}{6} + \cos\frac{\pi}{4}\sin\frac{\pi}{6} = \frac{\sqrt{2}}{2}\frac{\sqrt{3}}{2} + \frac{\sqrt{2}}{2}\frac{1}{2} = \frac{\sqrt{6}+\sqrt{2}}{4}$$

となる． ■

4.4 三角関数のグラフ

三角関数 $y = \sin x$ のグラフを見てみましょう．

図 4.6 は左の単位円で $\pi/6$ ずつ動径 OP をとり，右の図では，角度を右方向の座標として，また，動点 P の高さ（$\sin x$）を縦方向の座標として各点をプロットして描いた $y = \sin x$ のグラフです．前節の性質 (1) より $y = \sin x$ は 2π ごとに同じ値を繰り返す**周期** 2π の**周期関数**になり，グラフも 2π 毎に同じ

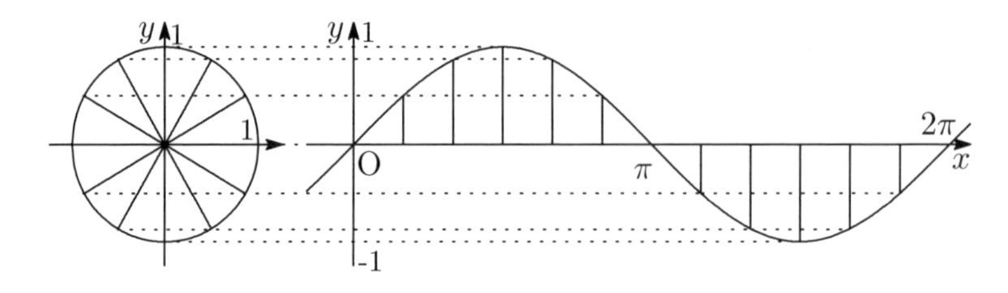

図 **4.6**　サインカーブ

形を繰り返します．

$y = \cos x$ のグラフは，前節の性質 (3) を考慮すれば，$y = \sin x$ のグラフを左に $\pi/2$ ずらしたものになることがわかります．したがって，図 4.7 のようになります．

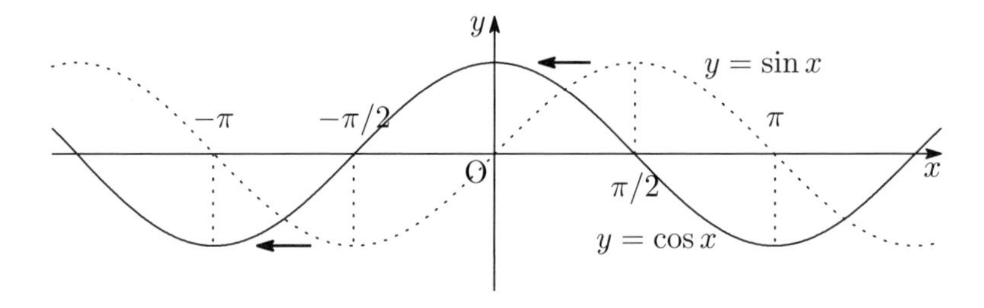

図 **4.7**　サインとコサイン

これらのグラフを眺めていると，サインやコサインに関するさまざまな性質を思いつきます．

$y = \tan x$ のグラフは次のようにして描けます．前節の性質 (2) より $y = \tan x$ は周期 π の周期関数なので，$-\pi/2 < x < \pi/2$ の部分を描けば後はその繰り返しになります．タンジェントは動径 OP の傾きに等しいので，動径 OP と $x = 1$ の直線の交点の高さにも等しくなります．そこで，動径を $\pi/8$ ずつとってプロットしたのが，図 4.8 です．

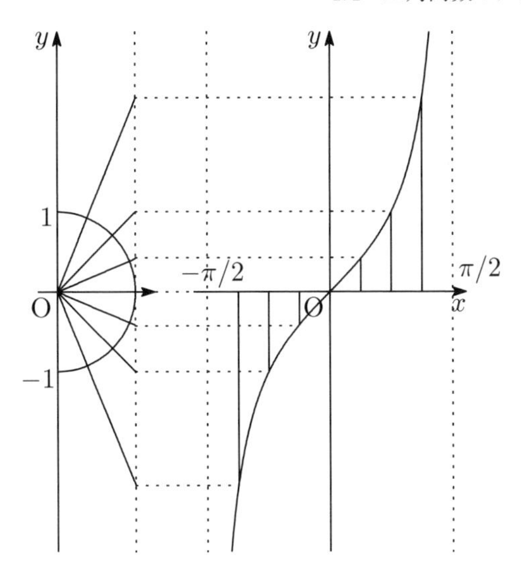

図 4.8　$y = \tan x$ のグラフ

例題 4.4　三角関数のグラフから，次の性質を確認せよ．

(1) $\sin(x \pm \pi) = -\sin x$　(2) $\cos(x \pm \pi) = -\cos x$

(3) $\sin(-x) = -\sin(x)$　(4) $\cos(-x) = \cos x$

(5) $\tan(-x) = -\tan x$

解答　角度を $\pi(= 180°)$ ずらすということは，ちょうど円周上を半周周ることになるので，縦座標も横座標も符号が逆転する．角度の符号を逆にすると言うことは回転を逆にすることになるので，出発位置が $(1, 0)$ ということから横方向の位置は変わらないが，縦方向の位置は上下がちょうど逆になる．したがって，余弦は変化しないが正弦と正接は符号が逆転する．■

$y = \sin x$ や $y = \tan x$ は $f(-x) = -f(x)$ を満たすので，奇関数であり，そのグラフは原点対称になっています．$y = \cos x$ は $f(-x) = f(x)$ を満たすので，偶関数であり，そのグラフは y 軸対称になっています．偶関数・奇関数に関しては，第 2 章 2.1 節を参照してください．

4.5　逆三角関数とそのグラフ

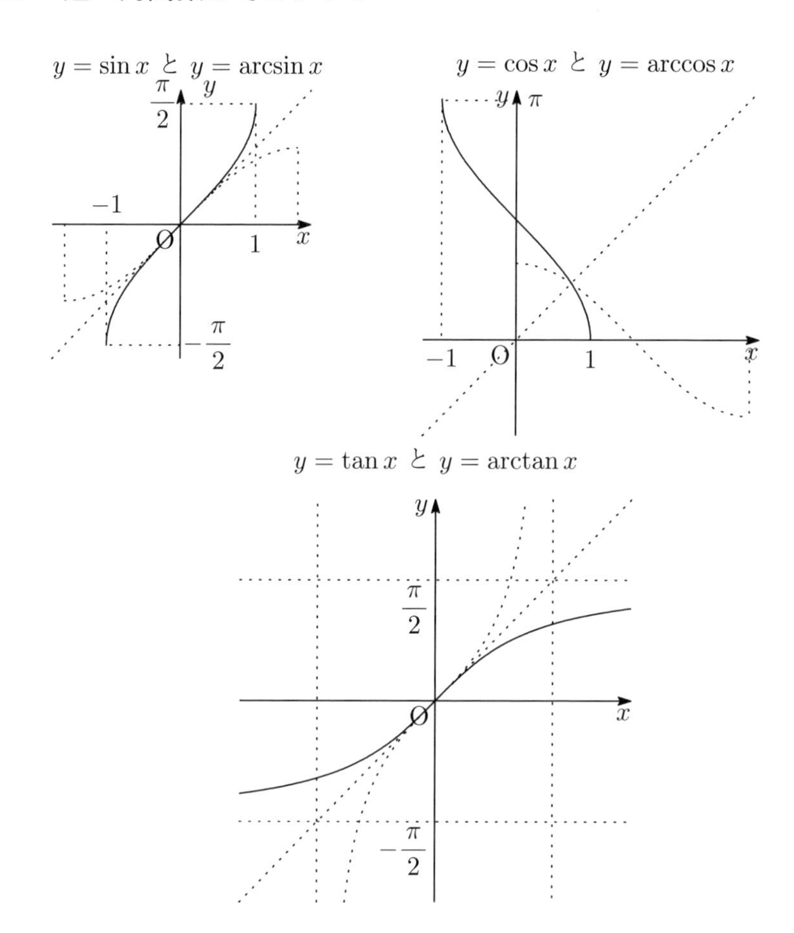

図 4.9　三角関数と逆三角関数

三角関数は同じ値が繰り返し現れますからそのままでは，第2章2.7節で述べた逆関数が存在しません．そこで三角関数の定義域（逆三角関数からみた値域）を制限することで逆関数を考えます．具体的には，$\sin x$ の場合は $-\pi/2 \leq x \leq \pi/2$，$\cos x$ の場合は $0 \leq x \leq \pi$，$\tan x$ の場合は $-\pi/2 < x < \pi/2$ とします．こうして得られる逆三角関数をそれぞれ $\arcsin x$，$\arccos x$，$\arctan x$ とします．

逆三角関数のグラフは前節の三角関数のグラフの定義域を制限してから，$y = x$ に関して線対称に移動させて得ることができます．$y = \tan x$，$y = \arctan x$

については，グラフの一部分のみを図示しています．

それぞれの図の点線で表された曲線が元の三角関数のグラフで，実線で表された曲線が逆三角関数のグラフです．それぞれの関数の定義域と値域の関係を図で確認しましょう．

第 4 章　練習問題

1. 次の 60 分法の角度を弧度法を使って表せ．

(1) 90°　(2) 45°

(3) -135°　(4) 750°

2. 次の弧度法の角度を 60 分法を使って表せ．

(1) $\dfrac{\pi}{4}$　(2) $\dfrac{5}{6}\pi$

(3) $-\dfrac{\pi}{2}$　(4) $\dfrac{7}{5}\pi$

3. $\mathrm{BC} = 9$，$\angle\mathrm{B} = 45^\circ$，$\angle\mathrm{C} = 75^\circ$ の三角形がある．このとき，辺 AC の長さ，外接円の半径 R，および，三角形の面積 S を求めよ．

4. θ が鋭角で，$\cos\theta = \dfrac{1}{3}$ のときの，$\sin\theta$ と $\tan\theta$ を求めよ．

5. $\triangle\mathrm{ABC}$ において，次の等式が成り立つことを証明せよ．

$$a(b\cos C - c\cos B) = b^2 - c^2$$

6. $0 \leq x < 2\pi$ のとき，次の方程式および不等式を解け．

(1) $\cos x = \dfrac{1}{2}$　(2) $\sin x = \sqrt{3}\cos x$

(3) $2\cos x - \sqrt{3} > 0$　(4) $\sqrt{2}\cos\left(\dfrac{\pi}{2} - x\right) = \tan(-x)$

(5) $\sin 2x = \sin x$　(6) $\cos 2x + 3\sin x - 2 \geq 0$

7. 次の三角関数の値を求めよ．

(1) $\sin 30^\circ$　(2) $\cos 135^\circ$

(3) $\tan(-120^\circ)$　(4) $\sin\dfrac{\pi}{3}$

(5) $\cos\dfrac{\pi}{2}$　(6) $\sin\dfrac{-7\pi}{4}$

(7) $\cos\dfrac{-5\pi}{6}$　(8) $\tan 420^\circ$

8. 次の関数の中で，区間 $[0,1]$ で増加関数であるものは1，減少関数であるものは2，どちらでもないものは3を記入せよ．

(1)　$y=\sin\left(3x-\dfrac{3}{2}\right)$　[　]　　(2)　$y=\sin\dfrac{3}{2}(x+1)$　[　]

(3)　$y=\cos\left(\dfrac{1}{2}x+1\right)$　[　]　　(4)　$y=-\cos(2x+1)$　[　]

9. 実数 x，y が

$$\frac{\sin x}{\sin y}=a,\qquad \frac{\cos x}{\cos y}=b$$

をみたしているとき $\tan^2 y$ を a，b を用いてあらわせ．(ただし $a\neq\pm1$ とする)

10. θ が第3象限の角で，$\tan\theta=3$ のときの，$\sin\theta$ と $\cos\theta$ を求めよ．

11. 次の値を求めよ．

(1)　$\arcsin 0$　　(2)　$\arcsin 1$

(3)　$\arcsin\dfrac{\sqrt{3}}{2}$　　(4)　$\arccos\dfrac{1}{\sqrt{2}}$

(5)　$\arctan(-1)$　　(6)　$\arctan\left(-\dfrac{1}{\sqrt{3}}\right)$

12. 次の関数のグラフをかけ．

(1)　$y=\sin\left(x+\dfrac{\pi}{2}\right)$　　(2)　$y=\cos\left(x-\dfrac{\pi}{3}\right)+1$

(3)　$y=\dfrac{\tan x}{2}$　　(4)　$y=\arcsin(x-1)+1$

(5)　$y=2(\arccos x-1)$　　(6)　$y=\arctan(x-3)$

5　指数関数と対数関数

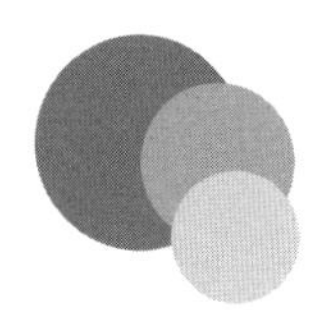

この章では，指数を自然数から実数全体に拡張し，そこから定義される指数関数と対数関数という 2 つの関数のグラフや性質について学習します．指数の拡張では，指数法則が成り立つように数の範囲が拡張されますが，その際の考え方は，第 1 章の数の拡張が参考になります．指数関数とそのグラフの性質は指数法則から導かれます．対数関数は指数関数の逆関数として導入されます．最後に，指数関数と対数関数の底の変換公式を導きます．

5.1　指数の拡張

数の冪（べき）表示 a^n において，a を**底**（てい），n を**指数**といいます．

冪の計算においては，次に示す指数法則が成り立つことが容易にわかります．

指数法則

(1)　$a^m \times a^n = a^{m+n}$

(2)　$(a^m)^n = a^{mn}$

(3)　$a^n \times b^n = (ab)^n$

この法則を利用して，第 1 章のときと同様な考え方で指数の数の範囲を拡張していきます．ただし，以下では a, b は正の数とします．

法則 (1) を用いると，指数部分において $m + x = n$ に対する x が求まります．具体的には $a^{m+x} = a^n$ のとき $a^x = a^n/a^m$ となります．これより，指数が 0 の場合は $m = n$ として

$$a^0 = a^n/a^n = 1$$

とすれば良く，さらに指数が負の整数の場合は

$$a^{-n} = a^0/a^n = 1/a^n$$

とします．このように定義すると，0 でない実数 a と任意の整数 n から a^n がただ1つ定まり，指数法則をすべて満たすことも確認できます．

次に，法則 (2) で指数部分において $xm = n$ に対する x が求まります．具体的には $a^{xm} = a^n$ より $(a^x)^m = a^n$ となるので，これを満たすように a^x を定めれば良いのです．$n = 1$ の場合は $(a^x)^m = a$ となるので，a^x は m 乗すると a になる数ということになります．このような数を a の **m 乗根**といい，$\sqrt[m]{a}$ と表します．一方 $xm = 1$ ですから $x = 1/m$ と表すことにすると

$$a^{\frac{1}{m}} = \sqrt[m]{a}$$

とすれば良いことがわかります．n が一般の場合

$$a^{\frac{n}{m}} = (\sqrt[m]{a})^n = \sqrt[m]{a^n}$$

と決めます．このように定義した場合，指数部分の分数を約分しても冪の値が変わらないことや指数法則をすべて満たすことが確認できます．

こうして，指数を有理数の範囲まで拡張できます．

例題 5.1　次の冪表示を根号を使って表せ．

(1) $2^{\frac{3}{2}}$　(2) $3^{-1.2}$　(3) $2^{-2} \times 4^{1.25}$

解答　(1) $2^{\frac{3}{2}} = \sqrt{2^3} = 2\sqrt{2}$

(2) $3^{-1.2} = 3^{-\frac{6}{5}} = \dfrac{1}{\sqrt[5]{3^6}} = \dfrac{1}{3\sqrt[5]{3}}$

(3) $2^{-2} \times 4^{1.25} = 2^{-2} \times 2^{2.5} = 2^{-2+2.5} = 2^{\frac{1}{2}} = \sqrt{2}$ ▮

無理数の指数に対しては次のようにして決めます．例えば $2^{\sqrt{2}}$ の場合，$\sqrt{2} = 1.414213\cdots$ という無限小数ですから，

$$2^1,\ 2^{1.4},\ 2^{1.41},\ 2^{1.414}, \ldots$$

という極限が $\sqrt{2}$ となる有理数列を指数とする数列を考え，この数列の極限を $2^{\sqrt{2}}$ の値とします．この極限は $\sqrt{2}$ に近づく数列のとり方にはよらないことが示せます．他の無理数の場合も同様に定義できます．また，このようにして決めた無理数冪に対しても，指数法則がすべて成り立つことが確認できます．

したがって，a, b が正の場合，指数は実数の範囲まで拡張され，指数法則は

任意の実数乗に対して成り立つことになりました.

5.2 指数関数

指数関数の性質 前節で，指数を実数の範囲まで拡張したので，これを利用して新しい関数を考えます．a を正の実数とし，独立変数 x が実数の範囲を動くとしたとき，

$$y = a^x$$

という式で表される関数を考えます．これを指数関数といいます．ここでは，指数関数の性質について考えます．

$f(x) = a^x$ とおくと，指数法則より

指数関数の性質

(1) $f(x_1 + x_2) = f(x_1)f(x_2)$

(2) $f(0) = 1, \quad f(1) = a$

(3) $f(-x) = 1/f(x)$

が成り立ちます．性質 (1) より，独立変数が和で表されていると従属変数では積に変わります．また，どの指数関数のグラフも必ず点 $(0, 1)$ を通ることが性質 (2) からわかります．$a > 1$ のときは，a^2, $a^3, \ldots$ と考えていけば，x を限りなく大きくすると $f(x)$ も限りなく大きくなります．よって，性質 (3) より，x を限りなく小さくすると $f(x)$ は正の側から限りなく 0 に近づきます．したがって，$f(x)$ の値域は $(0, \infty)$ となります．また，x の値が増えると y の値が必ず増えます．つまり増加関数（**単調増加**関数ともいう）です．

$0 < a < 1$ のときは，$1/a > 1$ であり $1/a = a^{-1}$ となることを考えると，大小の関係が $a > 1$ の場合とはちょうど逆になります．したがって，値域は $(0, \infty)$ のままですが，減少関数（**単調減少**関数）です．

また，値域が $(0, \infty)$ で，単調ということから，$c > 0$ に対して必ず $c = a^p$ となる実数 p がただ 1 つ見つかります．このことから指数関数の逆関数の存在がわかります．逆関数については次節で考えます．また

$$cf(x) = a^p f(x) = f(p)f(x) = f(x + p)$$

となるので，指数関数に対し定数 $c>0$ をかけることは，グラフを横方向に平行移動させることと同じであることがわかります．

指数関数のグラフ　次に，指数関数のグラフを見てみましょう．図5.1を参照してください．

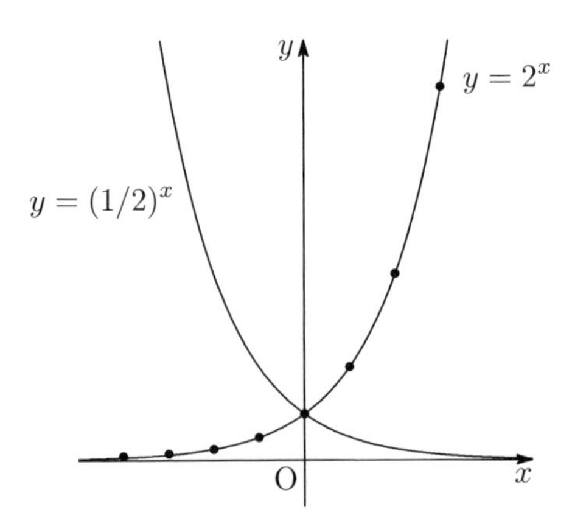

図 5.1　指数関数のグラフ

$a>1$ の指数関数のグラフを考えるときには，

$$2^{-3}=1/8,\ 2^{-2}=1/4,\ 2^{-1}=1/2,\ 2^0=1,\ 2^1=2,\ 2^2=4,\ 2^3=8,\ldots$$

などの値を決め，後は線がきれいにつながるように補っていけば良いのです．

$0<a<1$ の場合は，例えば $1/2=2^{-1}$ なので，$y=2^x$ のグラフを y 軸を中心として対称移動したものになります．

先ほど見たように，指数関数に定数をかけると，$a>1$ のとき $c>1$ なる定数をかけると左へ移動し，$0<c<1$ なる定数をかけると右へ移動します．例えば $4\times 2^x=2^2\times 2^x=2^{x+2}$ なので，左に2移動します．$0<a<1$ のときは，移動方向が逆になります．例えば，$4\times(1/2)^x=(1/2)^{-2}\times(1/2)^x=(1/2)^{x-2}$ なので，右に2移動します．

例題 5.2　$y=2^x/4-1$ のグラフをかけ．

解答　$2^x/4-1=2^{x-2}-1$ なので $y=2^x$ を右に2，下に1平行移動したグ

ラフになる.

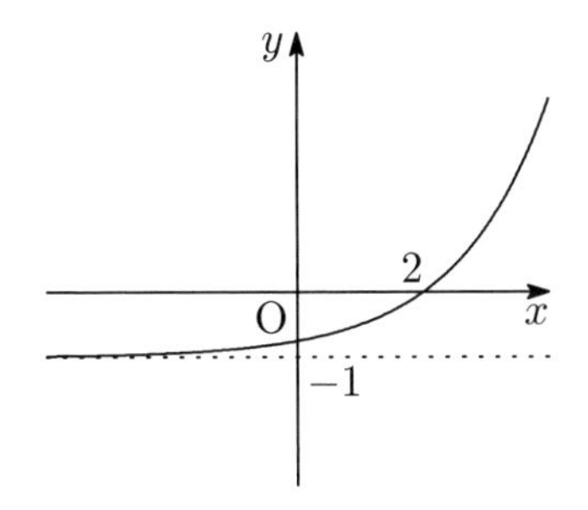

グラフは上図のようになる. ▮

5.3 対数関数

指数関数の逆関数を対数関数といいます．ここでは，対数関数の性質とそのグラフについて見ていきます．

対数関数の性質 指数関数 $y = a^x$ は単調なので，逆関数が存在します．その逆関数を $y = \log_a x$ と表し対数関数といいます．指数関数の定義域が $\boldsymbol{R}$ で値域が $(0, \infty)$ だったので，対数関数は定義域が $(0, \infty)$ となって，値域が $\boldsymbol{R}$ となります．また，対数関数 $\log_a x$ は $a > 1$ なら単調増加となり，$0 < a < 1$ なら単調減少となります．$a = 1$ の場合は対数関数は存在しません．

対数関数を数の対応として考えると，$a^q = p$ なる p, q に対し，$q = \log_a p$ と表すことになります．このとき q を，a を底とした p の**対数**といいます．底は 1 でない正の数になります．また，p をこの対数の**真数**といいます．真数は必ず正の数となります．

対数については次のような性質が成りたちます．

対数の性質

(1) $\log_a 1 = 0$

(2) $\log_a a^b = b$, 特に $\log_a a = 1$

(3) $\log_a pq = \log_a p + \log_a q$, $\log_a p/q = \log_a p - \log_a q$

(4)　$\log_a p^b = b \log_a p$

例題 5.3　次の計算をせよ．

(1)　$\log_2 1$　(2)　$\log_3 3$　(3)　$\log_2 2.5 + \log_2 1.6$

解答　(1) 性質 (1) より $\log_2 1 = 0$

(2) 性質 (2) より $\log_3 3 = 1$

(3) 性質 (3) と性質 (2) より

$$\log_2 2.5 + \log_2 1.6 = \log_2(2.5 \times 1.6) = \log_2 4 = \log_2 2^2 = 2$$

これより，対数関数について次のような性質が成り立ちます．

$f(x) = \log_a x$ とおくと，

対数関数の性質

(1)　$f(x_1 x_2) = f(x_1) + f(x_2)$

(2)　$f(1) = 0, \quad f(a) = 1$

性質 (1) より，$q = \log_a p$ のとき

$$f(x) + q = f(x) + \log_a p = f(x) + f(p) = f(px)$$

となります．この式は，対数関数においては，上への移動 $(+q)$ が，x 軸方向の拡大（$1/p$ 倍）と同じ結果を生むことを表しています．

例題 5.4　$\log_{10} 2 = 0.3010$ を利用して 5^{10} の桁数を求めよ．

解答　$5^{10} = \left(\dfrac{10}{2}\right)^{10} = \dfrac{10^{10}}{2^{10}}$ である．底を 10 とした両辺の対数をとると

$$\log_{10} 5^{10} = \log_{10} \frac{10^{10}}{2^{10}} = \log_{10} 10^{10} - \log_{10} 2^{10}$$

$$= 10 - 10 \log_{10} 2 = 10 - 3.01 = 6.99$$

したがって，対数関数の単調性より $10^6 < 5^{10} < 10^7$ が成り立つので 7 桁の数である（実際，$5^{10} = 9765625$ である）．

対数関数のグラフ　次に対数関数のグラフを見てみましょう.

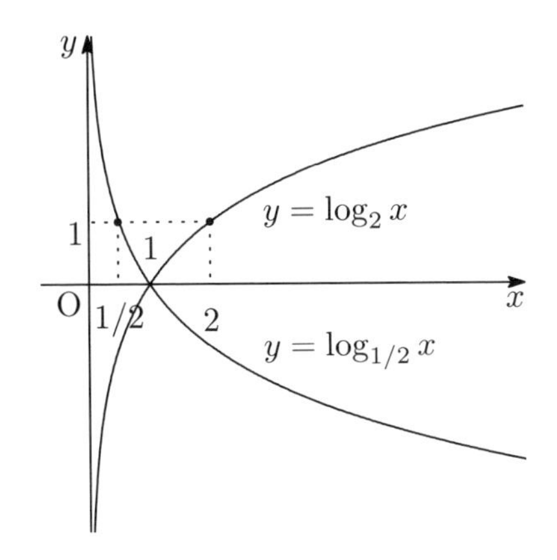

図 5.2　対数関数のグラフ

対数関数のグラフは指数関数のグラフを $y = x$ を軸に折り返したものなので，図 5.2 のようになります．$y = \log_a x$ のグラフと $y = \log_{1/a} x$ のグラフは，ちょうど x 軸対称になります．また，底が 1 より大なら単調増加になり，1 より小なら単調減少になることも指数関数のグラフから見て取ることができます.

5.4　底の変換

ここでは，指数と対数の底の変換について考えます.

$a^p = b^q$ が成り立つとき，p，q にどのような関係があるでしょうか．両辺の b を底とした対数をとると，$\log_b a^p = \log_b b^q$ となりますが，対数の性質より，左辺は $p \log_b a$ となり右辺は $q \log_b b = q$ となるので $p \log_b a = q$ という関係があることがわかります．したがって，

指数の底の変換公式

$$a^p = b^{p \log_b a}$$

が成り立ちます．さらに，両辺で c を底とする対数をとると，$p \log_c a = p \log_b a \log_c b$ より p を消去して，$\log_c a = \log_c b \log_b a$ が成り立つことがわかります．これを分数式に変形すると次のようになります.

対数の底の変換公式

$$\log_b a = \frac{\log_c a}{\log_c b}$$

この底の変換公式より，指数関数での底の違い（$y = a^x$ と $y = b^x$ の違い）は x 軸方向の拡大縮小になり，対数関数での底の違い（$y = \log_a x$ と $y = \log_b x$ の違い）は y 軸方向の拡大縮小になることがわかります（第 2 章 2.8 節を参照）.

第 5 章　練習問題

1. 次の各式を a^p の形に表わせ．ただし，$a > 0$ とする．

(1) $\sqrt{a} \div \sqrt[3]{a}$　(2) $\dfrac{1}{\sqrt[5]{a^4}}$　(3) $(a^{-\frac{3}{2}})^{-4}$

2. 次の数を大きいものから順にならべよ．

(1) $\sqrt[3]{4}$, $4^{-\frac{1}{2}}$, 1, $\sqrt[3]{16}$, $4^{-\frac{2}{5}}$

(2) $2\log_{0.5} 3$, $3\log_{0.5} 2$, $\log_{0.5} \dfrac{41}{5}$

3. 2 の冪と 3 の冪を比較することによって，$\log_2 3$ を小数点以下第 2 位を切り捨てた数値で求めよ．

(比較の例：$3^1 < 2^2$ より $\log_2 3 < 2$ がわかる)

4. 次の式を簡単にせよ．

(1) $35^{-2} \times 5^4 \div \left(\dfrac{1}{7}\right)^2$　(2) $\sqrt[3]{9}\sqrt[3]{3}$　(3) $\sqrt[4]{400} \div \sqrt[4]{25}$

(4) $\log_3 \sqrt[5]{27}$　(5) $\log_3 \dfrac{9}{4} + \log_3 \dfrac{4}{3}$　(6) $\log_2 \dfrac{3}{4} - \log_2 \dfrac{3}{2}$

(7) $2^{\log_4 9}$　(8) $(\log_2 3) \times (\log_3 2)$　(9) $(\log_4 25) \times (\log_5 8)$

5. 次の方程式を解け．

(1) $3^{2x} = 27$　(2) $9^x - 2 \times 3^x = 3$

(3) $\log_{10} 5x - \log_{10}(x-2) = 1$　(4) $\log_2(x+1) + \log_2(x-2) = 2$

6. 次の不等式を解け．

(1) $0.5^x < 2$　(2) $\log_2(x+1) < \log_2(3-x)$

7. $0 < a < 1$, $x > 0$, $y > 0$ のとき，次の不等式が成り立つことを証明せよ．

$$\frac{\log_a x + \log_a y}{2} \geq \log_a \frac{x+y}{2}$$

8. 次の関数の中で，区間 $[0,1]$ で増加関数であるものは 1，減少関数であるものは 2，どちらでもないものは 3 を記入せよ．

(1) $y=2^{-x+1}$ [ ]　　(2) $y=3^{x^2-x}$ [ ]

(3) $y=(0.5)^{-x^2-x}$ [ ]　　(4) $y=\log_{\frac{1}{2}}(x+1)$ [ ]

9. 次の関数のグラフをかけ.

(1) $y=3^{-x}-1$　　(2) $y=2\cdot 2^{\frac{1}{2}x-1}$

(3) $y=\log_2 2x$　　(4) $y=\log_{\frac{1}{2}}(x-1)$

10. ある放射性元素は毎日一定の割合で崩壊して，ちょうど 15 日後に半分になる．はじめの量の $\dfrac{1}{100}$ 以下になるのは何日目か．ただし，$\log_{10}2=0.3010$ とする．

11. 年利 0.1 ％複利の銀行預金で利息が元金を初めて超えるのは何年後か.

6　数列

この章では，数をある規則に従って並べた数列について学習します．数列の中でも単純な等差数列と等比数列に着目し，その一般項や第 n 項までの和を考察します．また，規則を式で表す漸化式に簡単な場合を扱います．

6.1　数列とは

数を一列にならべたものを**数列**といいます．数列を具体的に表すときは，通常右から左へ横に並べて表します．

数列において，最初の数を**初項**または第 1 項といい，以下順に第 2 項，第 3 項，... といいます．数列には，項数が有限である**有限数列**と項数が限りなくある**無限数列**とがあります．この本では主に無限数列を扱います．

文字を使って数列を表す場合には，

$$a_1,\ a_2, \dots,\ a_n, \dots \quad \text{または} \quad \{a_n\}_{n=1}^{\infty}$$

のように表します．

数列が，例えば $a_n = n^2$（この数列は 1, 4, 9, 16, ... となります）のような n の数式で表せるような規則にしたがって並んでいるとします．このとき，もし，その式の具体的な形がわからなければ，その式を求めることが，数列に関する問題の 1 つとなります．これを**一般項**を求めるといいます．また，n が限りなく大きくなるとき，a_n の値がどうなっていくかを，**数列の極限**といいますが，これを調べることも数列のもう 1 つの問題となります．数列の極限は

$$\lim_{n\to\infty} a_n = \alpha$$

のように表します．

さらに，数列 $\{a_n\}$ に対し，

$$S_n = a_1 + a_2 + \cdots + a_n = \sum_{k=1}^{n} a_k$$

とした S_n を数列 $\{a_n\}$ の第 n 項までの**部分和**（第 n 部分和）といいますが，部分和もやはり数列になるので，部分和の一般項や極限の問題が考えられます．部分和の極限は

$$\sum_{n=1}^{\infty} a_n \left(= \lim_{n\to\infty} S_n\right) = \beta$$

のように表します．

6.2 等差数列，等比数列

等差数列　隣合う項の差が一定である数列を**等差数列**といい，この差のことを**公差**といいます．

等差数列の一般項はどんな式で表されるでしょうか．初項を $a = a_1$，公差を d とすると，

$$a_2 = a + d = a + (2-1)d,$$

$$a_3 = a_2 + d = (a+d) + d = a + 2d = a + (3-1)d,$$

$$a_4 = a_3 + d = (a+2d) + d = a + 3d = a + (4-1)d,$$

$$\vdots = \vdots$$

となるので，

等差数列の一般項

$$a_n = a + (n-1)d$$

であることがわかります．

次に，等差数列の部分和 S_n はどのような式で表せるでしょうか．等差数列の n 項までと，それを逆順にした数列を対応する項ごとに足すと，どの項も初項と第 n 項の和 $a + a_n$ に等しい数列になります．この数列の和は一方で S_n の 2 倍に等しく，また一方では $a + a_n$ に項数 n を掛けたものに等しいので，

等差数列の部分和

$$S_n = \frac{(a + a_n)n}{2} = \frac{\{2a + (n-1)d\}n}{2}$$

となります．

等比数列　隣合う項の比が一定である数列を**等比数列**といい，この比のことを**公比**といいます．

等比数列の一般項はどんな式で表されるでしょうか．初項を $a = a_1$，公比を r とすると，

$$a_2 = a \times r = ar = ar^{2-1},$$

$$a_3 = a_2 \times r = ar \times r = ar^2 = ar^{3-1},$$

$$a_4 = a_3 \times r = ar^2 \times r = ar^3 = ar^{4-1},$$

$$\vdots$$

となるので，

等比数列の一般項

$$a_n = ar^{n-1}$$

であることがわかります．

次に，等比数列の部分和 S_n はどのような式で表せるでしょうか．第 n 項までの和と，それに公比 r を掛けたものを並べてかくと，

$$S_n = a + ar + ar^2 + ar^3 + \cdots + ar^{n-2} + ar^{n-1}$$

$$rS_n = \quad ar + ar^2 + ar^3 + ar^4 + \cdots \quad + ar^{n-1} + ar^n$$

これを辺々引き算すると，

$$S_n - rS_n = a + (ar - ar) + (ar^2 - ar^2) + \cdots + (ar^{n-1} - ar^{n-1}) - ar^n$$

よって，

$$(1 - r)S_n = a - ar^n = a(1 - r^n)$$

もし $r \neq 1$ なら，両辺を $(1-r)$ で割って，

$$S_n = \frac{a(1-r^n)}{1-r}$$

となります．$r=1$ のときは，数列は a, a, $a, \ldots$ というものになるから，明らかに $S_n = an$ です．したがって，

等比数列の部分和

$$S_n = \begin{cases} \dfrac{a(1-r^n)}{1-r} & (r \neq 1) \\ an & (r = 1) \end{cases}$$

となります．

では，数列の極限はどうなるでしょうか．r^n については，以下のことが知られています．

$$n \to \infty \text{ のとき } r^n \text{は} \begin{cases} \to \infty & (r > 1) \\ 1 & (r = 1) \\ \to 0 & (-1 < r < 1) \\ \text{振動（極限なし）} & (r \leq -1) \end{cases}$$

数列の極限は，これに初項 a を掛けたものを考えます．等比数列の部分和 S_n については，$r=1$ は別の式になることを考え合わせると，その極限（**無限等比級数の和**という）

無限等比級数の和

$$n \to \infty \text{ のとき } S_n \text{は} \begin{cases} \to \infty & (r \geq 1) \\ \to \dfrac{a}{1-r} & (-1 < r < 1) \\ \text{振動} & (r \leq -1) \end{cases}$$

となります．

例題 6.1 100 万円を年利 0.1 %の銀行預金（複利計算）に入れたら，10 年後はいくらになるか．

解答 元金 a 円，金利 p %，n 期後の元利合計は $a\left(1+\dfrac{p}{100}\right)^n$ で与えられ

る．したがって，

$$1000000\left(1+\frac{0.1}{100}\right)^{1}0 = 1010045.1 \text{ より } 101\text{万}45\text{円である．}$$

■

6.3　漸化式

数列を，引き続くいくつかの項の関係式で表したものを数列の**漸化式**といいます．関係式に現れる項が引き続く2つの場合を2項間漸化式，3つの場合を3項間漸化式といいます．一般に，a_{n+1} が a_n の式として表せる2項間漸化式の場合は，初項の値を決めるとすべての項の値が定まります．同様に，3項間漸化式の場合は，初項と第2項の値を決めるとすべての項の値が定まります．

例　2項間漸化式 $a_{n+1} - a_n = d$ は公差が d の等差数列を表す．したがって，$a_n = a_1 + (n-1)d$ となる．また，2項間漸化式 $a_{n+1} = ra_n$ は公比が r の等比数列を表す．したがって，$a_n = a_1 r^{n-1}$ となる．

例　3項間漸化式 $a_{n+2} = a_{n+1} + a_n$ で $a_1 = a_2 = 1$ とすると，第3項以降は2, 3, 5, 8,... となる．この数列はフィボナッチ数列と呼ばれている．

上の1つめの例のように，漸化式であらわされた数列の一般項を求めることを漸化式を解くといいます．

例題 6.2　等差数列の漸化式 $a_1 = a$, $a_{n+1} - a_n = d \ (n = 1, 2, \ldots)$ を解け．

解答　漸化式 $a_{k+1} - a_k = d$ で，$1 \leqq k \leqq n-1$ の範囲で両辺の総和をとる．

$$\sum_{k=1}^{n-1}(a_{k+1} - a_k) = \sum_{k=1}^{n-1} d$$

右辺の和は明らかに $(n-1)d$ に等しい．左辺の和は

$$\sum_{k=1}^{n-1}(a_{k+1} - a_k) = \sum_{k=1}^{n-1} a_{k+1} - \sum_{k=1}^{n-1} a_k = \sum_{k=2}^{n} a_k - \sum_{k=1}^{n-1} a_k$$

$$= \left(\sum_{k=2}^{n-1} a_k + a_n\right) - \left(a_1 + \sum_{k=2}^{n-1} a_k\right) = a_n - a_1.$$

$a_1 = a$ として，$a_n - a = (n-1)d$，よって $a_n = a + (n-1)d$ となる． ▮

階差数列 $a_{n+1} - a_n$ が n の式 $f(n)$ で表される場合，和 $\displaystyle\sum_{k=1}^{n-1} f(k)$ が求まるなら，例題 6.2 と同様に一般項を求めることができます．

> **例題 6.3** 漸化式 $a_1 = 1$，$a_{n+1} - a_n = n$ $(n \geqq 1)$ を解け．

解答 与えられた漸化式の n を k に置き換え，$1 \leqq k \leqq n-1$ の範囲で両辺の総和をとる．左辺は $a_n - a_1 = a_n - 1$ となり，右辺は

$$\sum_{k=1}^{n-1} k = \frac{n(n-1)}{2} \text{ より } a_n = \frac{n^2 - n + 2}{2}$$

これは，$n = 1$ のときも成り立つ． ▮

線形の 2 項間漸化式 $a_{n+1} - ca_n = f(n)$ の場合，$b_n = a_n/c^n$ と置き換えれば，階差数列の問題に帰着されます．$f(n)$ が n の多項式の場合には，先に階差をとることによって右辺の n の次数を下げることができます．これを利用して解くことも可能です．

> **例題 6.4** 漸化式 $a_1 = 1$，$a_{n+1} - 2a_n = n$ $(n \geqq 1)$ を解け．

解答 $\{a_n\}$ の階差を $\{b_n\}$，$\{b_n\}$ の階差を $\{c_n\}$ とおく．$b_{n+1} - 2b_n = 1$, $b_1 = 2$，$c_n - 2c_n = 0$，$c_1 = 3$ が成り立つので，$\{c_n\}$ の一般項は $c_n = 3 \cdot 2^{n-1}$ となる．したがって，

$$b_n = b_1 + \sum_{k=1}^{n-1} c_k = 2 + \frac{3(2^{n-1} - 1)}{2 - 1} = 3 \cdot 2^{n-1} - 1$$

となり，さらに

$$a_n = a_1 + \sum_{k=1}^{n-1} b_k = 1 + \frac{3(2^{n-1} - 1)}{2 - 1} - (n-1) = 3 \cdot 2^{n-1} - n - 1$$

これは，$n=1$ のときも成り立つ．

等比数列の漸化式は $a_{n+1}/a_n = r$ として辺々かけて解くこともできますが，$b_n = \log a_n$ と置き換え，階差数列を利用することもできます．

フィボナッチ数列を定めた3項間漸化式を定数係数**線形同次漸化式**といいます．一般的には

$$a_1 = p,\ a_2 = q,\ a_{n+2} + \ell a_{n+1} + m a_n = 0$$

となります．これは，次のように解くことができます．

2次方程式 $t^2 + \ell t + m = 0$ を**特性方程式**といいます．この方程式の2解を α, β とすると，

$$a_{n+2} + \ell a_{n+1} + m a_n = (a_{n+2} - \alpha a_{n+1}) - \beta(a_{n+1} - \alpha a_n)$$

と変形できます．右辺が0より，$b_n = a_{n+1} - \alpha a_n$ と置くと，b_n は初項が $b_1 = a_2 - \alpha a_1 = q - \alpha p$ で公比が β の等比数列となります．したがって，

$$b_n = a_{n+1} - \alpha a_n = (q - \alpha p)\beta^{n-1}$$

となります．よって，上で述べたように $c_n = a_n/\alpha^n$ と置くと

$$c_1 = p/\alpha,\ c_{n+1} - c_n = \frac{q - \alpha p}{\alpha\beta}\left(\frac{\beta}{\alpha}\right)^n$$

となります．ここで等比数列の和の公式から

$$\sum_{k=1}^{n-1}\left(\frac{\beta}{\alpha}\right)^k = \begin{cases} \dfrac{\alpha^{n-1}\beta - \beta^n}{\alpha^{n-1}(\alpha - \beta)} & (\alpha \neq \beta) \\ n-1 & (\alpha = \beta) \end{cases}$$

となるので，これより

$$a_n = \begin{cases} \dfrac{q - \beta p}{\alpha - \beta}\alpha^{n-1} + \dfrac{q - \alpha p}{\beta - \alpha}\beta^{n-1} & (\alpha \neq \beta) \\ \alpha^{n-2}\{(n-1)q - (n-2)\alpha p\} & (\alpha = \beta) \end{cases}$$

となります．

第6章　練習問題

1. 初項が -7 で公差が3の等差数列について次の問いに答えよ．

(1)　第 10 項の数を求めよ．

(2)　第 20 項までの和を求めよ．

(3)　和が 200 を初めて超えるのは何項目までの和をとったときか．

2. 初項が 2 で公比が -3 の等比数列について次の問いに答えよ．

(1)　第 7 項の数を求めよ．

(2)　第 12 項までの和を求めよ．

3. 毎年はじめに 100 万円ずつ銀行で積み立てを行うとき，20 年後の元利合計を求めよ．ただし，年利 5 %で 1 年ごとの複利で計算し，1 円未満は四捨五入せよ．また，$1.05^{20} = 2.65329770$ を用いてもよい．

4. 漸化式に関する次の問いに答えよ．

(1)　$a_1 = -2,\ a_{n+1} = 2a_n - 3$ の漸化式で表される数列の第 4 項までを記せ．

(2)　公差 3 の等差数列を漸化式で表せ．

(3)　公比 -2 の等比数列を漸化式で表せ．

5. 次の漸化式で表される数列の一般項を求めよ．

(1)　$a_1 = 2,\ a_{n+1} = 2a_n - 3$

(2)　$a_1 = -3,\ a_2 = 2,\ a_{n+2} = a_{n+1} + 2a_n$

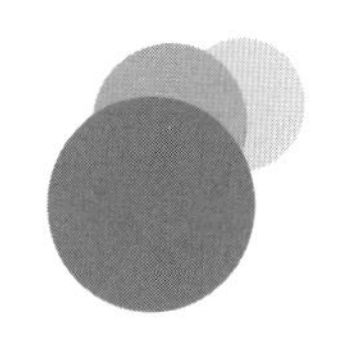

7 微分

この章では，関数のグラフの傾きを求める方法と，それを一般化した微分とその利用方法について学習します．関数のグラフの傾きは微小に離れたグラフ上の 2 点間の平均変化率として求められます．グラフ上の各点で傾きを考えることにより導関数が導入されます．関数に導関数を対応させる微分の性質を考えることにより，多くの関数の導関数が求められるようになることをみます．最後に，微分を利用してグラフの概形を描くことを考察します．

7.1 微分係数

接線の傾き　関数 $y=f(x)$ で，x が a から $a+h$ に変化したとき，y は $f(a)$ から $f(a+h)$ に変化します．第 2 章の記号を使えば $\Delta x=h$ であり，$\Delta y=f(a+h)-f(a)$ となりますから，平均変化率は

$$\frac{\Delta y}{\Delta x}=\frac{f(a+h)-f(a)}{h} \tag{7.1}$$

となります．この状況を表したのが図 7.1 です．図の線分 AP の傾きが平均変化率となります．

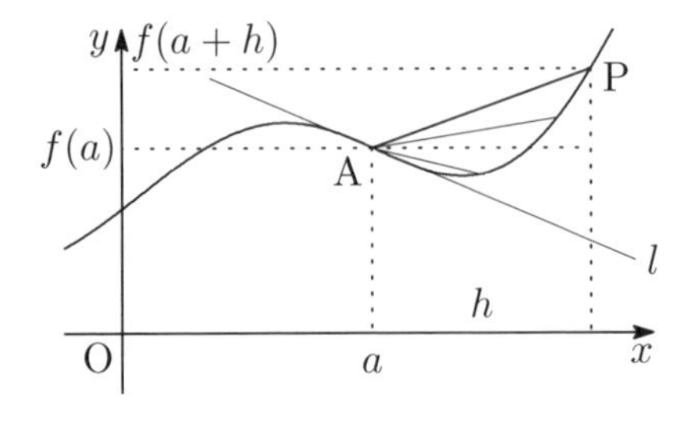

図 7.1

ここで，点 A を固定して，動点 P をグラフに沿って点 A に近づけていくと，線分 AP の傾きは接線 l の傾きに近づいていきます．したがって，(7.1) 式の右辺を独立変数 h の関数だと思って，h を 0 に近づけていくと接線の傾きに限りなく近づくことが予想されます．

関数の極限　(7.1) 式は分母が h ですから $h=0$ の値はありません．そこで，**関数の極限**という考え方が必要になります．

関数 $y=f(x)$ において，独立変数 x が a という値に（$x=a$ とはならずに）限りなく近づいたとき，従属変数 y が b という値に限りなく近づいたとします．このとき，「関数 $y=f(x)$ の $x=a$ での極限は b である.」といい，lim という記号を用いて

$$\lim_{x \to a} f(x) = b$$

と表します．関数の極限は常にあるとは限りません．

連続関数では $f(a)$ が $x=a$ での関数の極限になります．しかし，グラフが $x=a$ で切れている関数では，そういうわけにはいきません．

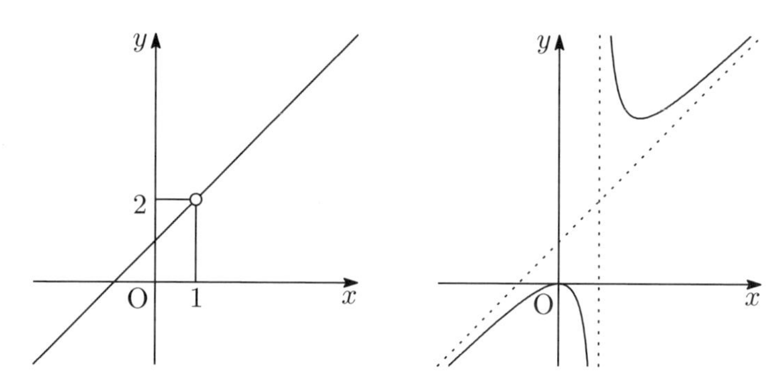

図 7.2　極限のある例・ない例

例えば，2 つの分数関数 $y=(x^2-1)/(x-1)$，$y=x^2/(x-1)$ の $x=1$ では，分母が 0 になるので，$x=1$ での値はなく，グラフは切れています．分数式の割り算をしてみると $(x^2-1)\div(x-1)$ は割り切れて商が $x+1$ であるのに対し，$x^2\div(x-1)$ は商が $x+1$ で余りが 1 となります．よって，$x \neq 1$ で

はそれぞれの関数は

$$y = x + 1, \qquad y = x + 1 + \frac{1}{x-1}$$

と等しくなります．これより，元の分数関数のグラフは，図7.2のようになります．したがって，

$$\lim_{x \to 1} \frac{x^2 - 1}{x - 1} = 2, \qquad \lim_{x \to 1} \frac{x^2}{x - 1} \text{ は発散（存在しない）}$$

となります．

例題 7.1　次の関数の極限を求めなさい．

(1) $\lim_{x \to 0} \cos x$　　(2) $\lim_{x \to 2} \frac{x^2 - 3x + 2}{x^2 - 4}$

解答　(1) $\cos x$ は連続関数なので

$$\lim_{x \to 0} \cos x = \cos 0 = 1$$

となる．

(2) $x^2 - 3x + 2 = (x-2)(x-1)$，$x^2 - 4 = (x-2)(x+2)$ と因数分解できるので

$$\lim_{x \to 2} \frac{x^2 - 3x + 2}{x^2 - 4} = \lim_{x \to 2} \frac{x-1}{x+2} = \frac{2-1}{2+2} = \frac{1}{4}$$

となる．■

微分係数　関数の極限を用いて，(7.1) 式を h の関数と見て $h \to 0$ の極限を関数 $y = f(x)$ の $x = a$ での**微分係数**といい $f'(a)$ と表します．微分係数を数式で表すと

微分係数の定義

$$f'(a) = \lim_{h \to 0} \frac{f(a+h) - f(a)}{h}$$

となります．ただし，この右辺の極限は常に存在するとは限りません．極限が存在するとき，関数 $y = f(x)$ は $x = a$ で**微分可能**であるといいます．微分係数はその点での接線の傾きに等しくなります．

いくつかの関数で，微分係数を求めてみましょう．

第2章2.5節で見たとおり，1次関数 $y = c_0 + c_1 x$ では，平均変化率 $\Delta y/\Delta x$ は一定値 c_1 でした．したがって，$f'(a) = c_1$ は a によらず成り立ちます．

同じく，2次関数 $y = c_0 + c_1 x + c_2 x^2$ では，$h \neq 0$ のとき

$$\frac{f(a+h) - f(a)}{h} = c_1 + 2c_2 a + c_2 h$$

が成り立ちました．したがって，右辺で $h = 0$ とおけば，$f'(a) = c_1 + 2c_2 a$ がわかります．このように平均変化率の式で，$h = \Delta x$ を分母から消せれば，$h = 0$ として微分係数が求まります．

例題 7.2　3次関数 $y = x^3$ の $x = 1$ での微分係数を求めよ．

解答　$f(x) = x^3$ とおく．x が1から $1+h$ に変化したとき y は $f(1) = 1^3 = 1$ から $f(1+h) = (1+h)^3$ に変化するので，

$$f'(1) = \lim_{h\to 0} \frac{(1+h)^3 - 1}{h} = \lim_{h\to 0} \frac{3h + 3h^2 + h^3}{h} = \lim_{h\to 0}(3 + 3h + h^2) = 3$$

となる．

7.2　導関数と微分

関数 $y = f(x)$ が定義域のいたるところで微分可能なのとき，すなわち，すべての $x = a$ で微分係数 $f'(a)$ が存在するとき，$a \mapsto f'(a)$ という対応関係で実数から実数への新たな関数が定義できます．これを $f(x)$ の**導関数**といいます．導関数では独立変数は元の関数と同じ文字を使いますが，従属変数に $'$ を付けます．したがって，$y = f(x)$ の導関数は $y' = f'(x)$ と表されます．

ある関数の導関数を求めることを関数を**微分する**といい，関数にその導関数を対応させる対応関係を**微分**といいます．

1次関数 $y = c_0 + c_1 x$ は微分係数が a によらず $f'(a) = c_1$ でしたから，導関数は $y' = c_1$（定数関数）となります．この1次関数とその導関数の関係を

$$(c_0 + c_1 x)' = c_1$$

とも表します．同時に $(c_0)' = 0$ もわかります．

2次関数 $y = c_0 + c_1x + c_2x^2$ は $x = a$ での微分係数が $f'(a) = c_1 + 2c_2a$ でしたから，導関数は $y' = c_1 + 2c_2x$ となります．この関係を

$$(c_0 + c_1x + c_2x^2)' = c_1 + 2c_2x$$

とも表します．

微分係数から導関数をいちいち求めるのは大変なので，この逆を考えます．すなわち，まず微分というものが持つ一般的な性質を考え導関数を求めます．それから導関数の値として微分係数を求めます．

微分では次の性質が成り立ちます．

微分の性質 I

(1)　$(f(x) + g(x))' = f'(x) + g'(x)$

(2)　$(cf(x))' = cf'(x)$，ただし c は定数

(3)　$(f(x)g(x))' = f'(x)g(x) + f(x)g'(x)$

(1)，(2) は平均変化率の式からすぐに導けますが，(3) は少し式変形が必要です．

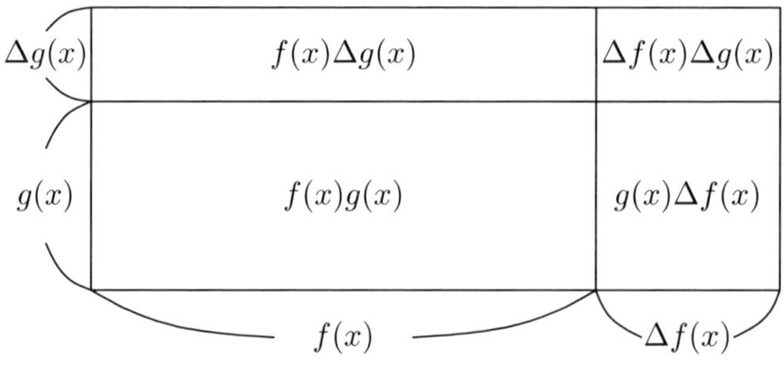

図 7.3　積 $f(x)g(x)$ の変化

図 7.3 を参考にすれば

$$\Delta(f(x)g(x)) = g(x)\Delta f(x) + f(x)\Delta g(x) + \Delta f(x)\Delta g(x)$$

が導けるので，

$$\frac{\Delta(f(x)g(x))}{\Delta x} = \frac{\Delta f(x)}{\Delta x}g(x) + f(x)\frac{\Delta g(x)}{\Delta x} + \frac{\Delta f(x)\Delta g(x)}{\Delta x}$$

となります．ここで，$\Delta x = 0$ での極限を考えると，右辺第1項が $f'(x)g(x)$

に，第 2 項が $f(x)g'(x)$ になり，第 3 項は 0 になります（辺の長さの比より面積の比の方が速く 0 に近づきます）．性質 (3) を**積の微分公式**ともいいます．

この 3 つの性質から次のようなことができます．$(x)' = 1$ を基にして (3) を用いると，

$$(x^2)' = (xx)' = (x)'x + x(x)' = 1 \times x + x \times 1 = x + x = 2x$$

ここで，(1)，(2) を用いると 2 次関数 $y = c_0 + c_1x + c_2x^2$ の導関数は

$$\begin{aligned}(c_0 + c_1x + c_2x^2)' &= (c_0)' + (c_1x)' + (c_2x^2)' \\ &= c_0(1)' + c_1(x)' + c_2(x^2)' \\ &= c_0 \times 0 + c_1 \times 1 + c_2 \times 2x \\ &= c_1 + 2c_2x\end{aligned}$$

となり，先ほどと同じ結果になりました．

3 次関数でも同様のことができて，(3) より

$$(x^3)' = (x^2x)' = (x^2)'x + x^2(x)' = 2xx + x^2 \times 1 = 2x^2 + x^2 = 3x^2$$

となって，後は (1)，(2) を用いて，

$$(c_0 + c_1x + c_2x^2 + c_3x^3)' = c_1 + 2c_2x + 3c_3x^2$$

となります．同様にして，

n を自然数として

$$(x^n)' = nx^{n-1} \quad (y = x^n \text{ の導関数は } y' = nx^{n-1})$$

となることが示せます（この公式は n が自然数でなくても成り立ちます）．

したがって，

多項式関数の微分

$$(c_0 + c_1x + c_2x^2 + \cdots + c_nx^n)' = c_1 + 2c_x + \cdots + nc_nx^{n-1}$$

となります．

例題 7.3 次の関数の導関数を求めよ．

(1) $y = 3x^2 + 5x + 1$ (2) $y = x^{10} + x^5 + 1$

解答　$(x^n)' = nx^{n-1}$ の公式と，微分の性質 (1)，(2) を用いる．

(1) $(3x^2+5x+1)' = 3(x^2)'+5(x)'+(1)' = 6x+5$ より導関数は

$$y' = 6x+5$$

である．

(2) $(x^{10}+x^5+1)' = (x^{10})'+(x^5)'+(1)' = 10x^9+5x^4$ より導関数は

$$y' = 10x^9+5x^4$$

である．

高階導関数　導関数も同じ独立変数に対する関数ですから，その導関数を考えることができます．これを（元の関数から見て）**2 階導関数**または **2 次導関数**といい，$f''(x)$ と表します．これを繰り返して，一般に n 階導関数を考えることができます．これを $f^{(n)}(x)$ と表します．肩の数字は冪の意味ではなく微分の階数を表します．高階導関数の求め方は，導関数の求め方を繰り返すだけです．

例題 7.4　例題 7.3 の関数の 2 階導関数を求めよ．

解答　(1) $y' = 6x+5$ であり，$(6x+5)' = 6$ なので

$$y'' = 6$$

である．

(2) $y' = 10x^9+5x^4$ であり，$(10x^9+5x^4)' = 90x^8+20x^3$ なので

$$y'' = 90x^8+20x^3$$

である．

7.3　微分の応用

導関数からは，代入により微分係数が求めるられます．微分係数は接線の傾きと等しく，微分係数の正負からグラフが右上がりか右下がりか，すなわち関

数の増加・減少がわかります．つまり，滑らかな関数では，不等式 $f'(x) > 0$ の解集合上では，関数 $y = f(x)$ は増加し，不等式 $f'(x) < 0$ の解集合上では減少します．導関数 $y' = f'(x)$ が連続なら関数 $y = f(x)$ の増減が入れ替わるところでは，必ず $f'(x) = 0$ となります．このことから，方程式 $f'(x) = 0$ の解で区間を分け，それぞれの区間で増加・減少を調べると，関数のグラフの概形を調べたり，$y = f(x)$ の最大値や最小値を求めることができます．

以上をわかりやすくまとめたのが**増減表**です．

2 階導関数の正負は，導関数の増加・減少を意味します．このことから，2 階導関数の正負は，元の関数の凹凸に対応することがわかります．したがって，増減表を書く際に，2 階導関数まで調べることで，さらにグラフの形状についてよく知ることができます．

例えば，3 次関数 $y = x^3/3 - x^2/2 - 2x$ を考えてみましょう．$y' = x^2 - x - 2$ より方程式 $x^2 - x - 2 = 0$ を解いて，$x = -1,\ 2$ となります．この導関数は下に凸の 2 次関数ですから x 軸との交点の間は負で両側は正になるので，$y' > 0$ の解集合は $\{x < -1$ または $x > 2\}$ で，$y' < 0$ の解集合は $\{-1 < x < 2\}$ となります．また，$y'' = 2x - 1$ なので，$y'' > 0$ の解集合は $\{x > 1/2\}$ で，$y'' < 0$ の解集合は $\{x < 1/2\}$ となります．

これを増減表にすると次のようになります．

x		-1		$1/2$		2	
y	増加・上に凸		減少・上に凸		減少・下に凸		増加・下に凸
y'	$+$	0	$-$		$-$	0	$+$
y''	$-$		$-$	0	$+$		$+$

$x = -1,\ 1/2,\ 2$ のときの y の値はそれぞれ $7/6,\ -13/12,\ -10/3$ なので，このことと，グラフの形状から，この 3 次関数のグラフの概形がかけます．これを図示したのが図 7.4 です．

このグラフの $x = -1$ のところのように近くの点の中で最大になっている点を**極大点**，$x = 2$ のように近くの点で最小になっている点を**極小点**といい，その値をそれぞれ**極大値・極小値**といいます．また，$x = 1/2$ のように，グラフの凹凸が変化している点を**変曲点**といいます．3 次関数を微分すると導関数は

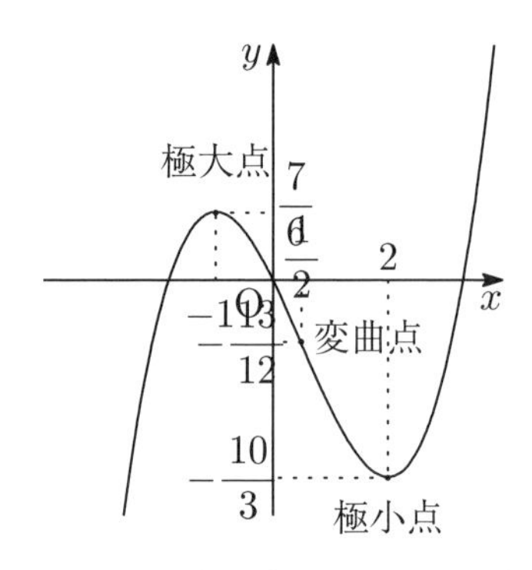

図 7.4　3次関数のグラフの概形

2次関数になるので $y' = 0$ というのは2次方程式になります．第3章3.6節で行った考察より，判別式により2次方程式の解の個数がわかり，また2次関数の正負がわかります．$y' = 0$ の解が0個または1個のときは3次関数は単調増加（または単調減少）となり，$y' = 0$ の解が2個のときには3次関数はこの例のような形になります．

例題 7.5　次の関数は区間 $(0,1)$ で増加・減少・どちらでもないのいずれであるか答えよ．

(1)　$y = x^3 - 3x$　　(2)　$y = 2x^4 - x$

解答　(1) $y' = (x^3 - 3x)' = 3x^2 - 3 = 3(x^2 - 1) = 3(x-1)(x+1)$ であるから，$0 < x < 1$ では $y' < 0$ となる．よって「減少」である．

(2) $y' = (2x^4 - x)' = 8x^3 - 1 = (2x)^3 - 1^3 = (2x-1)(4x^2 + 2x + 1)$ である．$2x - 1$ は $x < 1/2$ では負，$x > 1/2$ では正であり，$4x^2 + 2x + 1 > 0$ なので，y' も $x < 1/2$ では負であり $x > 1/2$ では正である．したがって，「どちらでもない」である．■

第7章　練習問題

1. 次の関数の極限を求めよ．

(1) $\lim_{x\to 2} 2x$　(2) $\lim_{x\to 2} 5$

(3) $\lim_{x\to\infty} \frac{1}{x}$　(4) $\lim_{x\to 2} \frac{x^2-4}{x-2}$

(5) $\lim_{x\to 2} \log_2(x-1)$　(6) $\lim_{h\to 0} \frac{\sqrt{2+h}-\sqrt{2-h}}{h}$

2. 次の関数がそれぞれ連続になるように定数 a, b の値を定めよ．

(1) $f(x)=\begin{cases} \dfrac{x^2-4x+3}{x-1} & (x\neq 1 \text{ のとき}) \\ a & (x=1 \text{ のとき}) \end{cases}$

(2) $g(x)=\begin{cases} \dfrac{1-(1-bx)^2}{x} & (x\neq 0 \text{ のとき}) \\ 3 & (x=0 \text{ のとき}) \end{cases}$

3. 次の関数の $x=a$ における微分係数を定義に従って求めよ．

(1) $y=(x+1)^2$　(2) $y=2x^2+3x+1$

4. 関数 $y=x^4+3x$ の点 $(1,4)$ における，接線をの傾きを求めよ．

5. 次の関数の導関数を求めよ．

(1) $y=2x-3$　(2) $y=-2x^5$

(3) $y=x^4+x^2+1$　(4) $y=(x^2+2x-3)(x+1)$

6. 次の関数の中で，区間 $[0,1]$ で増加関数であるものは 1，減少関数であるものは 2，どちらでもないものは 3 を記入せよ．

(1) $y=x^3-12x+12$　[　]　(2) $y=x^3-x^2+1$　[　]

7. 次の関数の増減を調べ，極値を求めよ．また，そのグラフの概形をかけ．

(1) $y=x^3-3x$　(2) $y=x^4-4x^3+4x^2$

8. 次の関数の増減を調べ，最大値，最小値を求めよ．

(1) $y=x^3-6x^2+9x \quad (0\leq x\leq 4)$

(2) $y=x^4-4x \quad (-2\leq x\leq 2)$

9. 次の関数の 2 次導関数を求めよ．

(1) $y=x^{10}$　(2) $y=x^5-3x^3+2x+1$

10. 関数 $f(x)=x^2+3x+2$ に対し

$$\frac{f(b)-f(a)}{b-a}=f'(c) \quad (a<c<b)$$

をみたす，c を a, b で表わせ．

8　いろいろな関数の微分

この章では，多項式関数以外の初等的な関数の微分と，いくつかの微分の性質について学習します．三角関数の微分は，微分の定義から求める方法をとらず，単位円周上の回転運動の速度ベクトルから求めます．対数関数の微分はネピアの数の存在を認めた上で，これを求めます．指数関数の微分は逆関数の微分の一般論を導いた上で，これを求めます．

8.1　三角関数の微分

$y = \sin x$ の微分は，$\dfrac{\sin x}{x}$ の $x = 0$ での極限から導けますが，本書では違った方法で「説明」します．

力学において，平面上の**質点の運動**は時刻 t の 2 つの関数 $f(t)$，$g(t)$ を用いて，平面上の座標 $(f(t), g(t))$ をもつ動点の動きとして与えられます．この $(f(t), g(t))$ を質点の**位置ベクトル**といいます．両座標の導関数（時間微分）からなるベクトル $(f'(t), g'(t))$ をその質点の**速度ベクトル**といい，速度ベクトルの方向が質点の運動方向，大きさが質点の速さを表します．

このことを前提として，三角関数の微分を考えます．

図 8.1 のように，時刻 0 で点 $(1, 0)$ を出発し，原点中心の半径 1 の円周上を正の方向（反時計回り）に速さ 1 で運動する質点を考えます．第 4 章 4.2 節の弧度法の話と，第 4 章 4.3 節の三角関数の定義から，この質点の座標（位置ベクトル）は $(\cos t, \sin t)$ となります．速さが 1 なので，時間間隔 1 ごとにちょうど 1 ラジアンずつ円周上を動くからです．一方，この質点の速度ベクトルは，運動の大きさが 1 で，運動方向は円周の接線方向であることから，原点と質点を結ぶ有向線分と直交したもう 1 つの長さ 1 の有向線分で表せます．この速度ベクトルを点線の矢印で表された座標系から見ると，角度が $\pi/2$ 進んでいるの

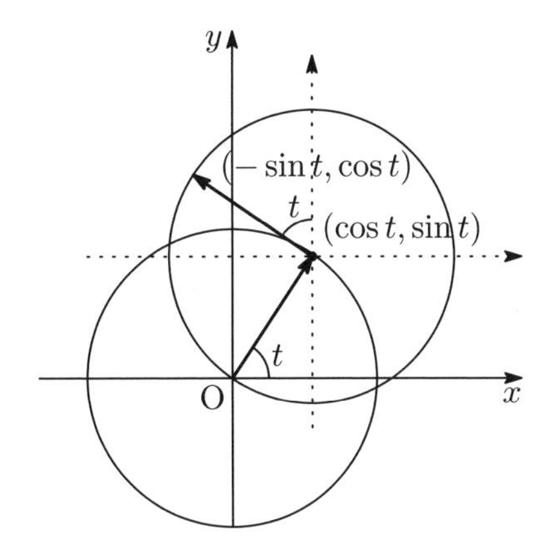

図 8.1　円周上の運動と速度

で，第 4 章 4.3 節の三角関数の性質 (3) より $(-\sin t, \cos t)$ となることがわかります．

したがって，質点の位置ベクトルと速度ベクトルの関係から $(\sin t)' = \cos t$, $(\cos t)' = -\sin t$ となります．独立変数を x に戻すと，

初等関数の微分 I

(1)　$(\sin x)' = \cos x$

(2)　$(\cos x)' = -\sin x$

となります．

$y = \tan x$ の微分の計算は，次のようにできます．$\tan x = \sin x / \cos x$ より，

$$\cos x \tan x = \sin x \tag{8.1}$$

となっています．この式の両辺は $x \neq \pi/2 + n\pi$ $(n \in \boldsymbol{Z})$，すなわちタンジェントの定義域では常に等しいので，その区間ごとに同じ関数を表します．微分係数は関数のグラフの接線の傾きですから，表現は異なっていても同じ関数なら微分係数も等しくなり，導関数も等しくなります．

積の微分公式より (8.1) 式の左辺を微分すると

$$(\cos x \tan x)' = (\cos x)' \tan x + \cos x (\tan x)' = -\frac{\sin^2 x}{\cos x} + \cos x (\tan x)'$$

と計算できます．一方，(8.1) 式の右辺を微分すると $(\sin x)' = \cos x$ です．し

たがって，両者が一致することから

$$-\frac{\sin^2 x}{\cos x} + \cos x(\tan x)' = \cos x$$

が成り立ちます．この式より $(\tan x)'$ が導けて

初等関数の微分 II

(3)　$(\tan x)' = 1 + \tan^2 x = \dfrac{1}{\cos^2 x}$

となります．

8.2　分数関数の微分

タンジェントの微分の計算で用いた方法は分数式で表される任意の関数に用いることができて，

微分の性質 II

(4)　$\left(\dfrac{f(x)}{g(x)}\right)' = \dfrac{f'(x)g(x) - f(x)g'(x)}{(g(x))^2}$

(5)　$\left(\dfrac{1}{f(x)}\right)' = \dfrac{-f'(x)}{(f(x))^2}$

という公式が導けます．性質 (4) を**商の微分公式**ともいいます．

分数関数の微分は，この商の微分公式と前章の多項式関数の微分を組み合わせれば，計算できます．とくに $\left(\dfrac{1}{x^n}\right)' = -\dfrac{n}{x^{n+1}}$ がでます．$\dfrac{1}{x^n} = x^{-n}$ なのでこれより

$$(x^n)' = nx^{n-1} \quad (n \in \boldsymbol{Z})$$

が成り立ちます．

例題 8.1　次の関数を微分せよ．

(1)　$y = \dfrac{x}{x^2+1}$　　(2)　$y = \cot x$

解答　(1) 商の微分の公式を $f(x) = x$，$g(x) = x^2 + 1$ として用いる．

$f'(x) = 1,\ g'(x) = 2x$ だから

$$\left(\frac{x}{x^2+1}\right)' = \frac{1\cdot(x^2+1) - x\cdot 2x}{(x^2+1)^2} = \frac{1-x^2}{(x^2+1)^2}$$

となる.

(2) $\cot x = \dfrac{\cos x}{\sin x}$ なので，商の微分の公式を $f(x) = \cos x,\ g(x) = \sin x$ として用いる. $f'(x) = -\sin x,\ g'(x) = \cos x$ だから

$$(\cot x)' = \frac{-\sin x\cdot\sin x - \cos x\cdot\cos x}{\sin^2 x} = -\frac{1}{\sin^2 x}$$

となる. ▮

8.3 対数関数の微分

第 5 章とは順序を逆にして，対数関数の微分から見ていきます.

まず，$y = (1+x)^{1/x}$ という関数の $x = 0$ での極限を考えます. これは $(1+1/n)^n$ として，数列の極限 $(n\to\infty)$ で考えたものと同じになります. この関数は $x = 0$ では値がありませんが，$x = 0$ での極限は存在しています. ただし，その値は有理数ではなく $2.71828\cdots$ という無理数になります. そこでこの値を e と表すことにし，**ネイピアの数**とか**自然対数の底**といいます（円周率を π という文字で表すのと同様です）.

関数 $y = \log_a x$ の微分係数を，7.1 節の微分係数の定義式から考えてみましょう. 第 5 章 5.3 節の対数関数の性質を適宜用いると

$$\begin{aligned}
(\log_a x)' &= \lim_{h\to 0}\frac{\log_a(x+h) - \log_a x}{h}\\
&= \lim_{h\to 0}\frac{\log_a\{(x+h)/x\}}{h}\\
&= \lim_{h\to 0}\frac{1}{x}\log_a\left(1+\frac{h}{x}\right)^{\frac{x}{h}}\\
&= \frac{1}{x}\log_a\lim_{h/x\to 0}\left(1+\frac{h}{x}\right)^{\frac{x}{h}}\\
&= \frac{1}{x}\log_a e = \frac{1}{x\log_e a}
\end{aligned}$$

となります．5つ目の等号で，先ほどの関数の極限を使っています．$\log_e e = 1$ なので，対数の底をこの特別な値 e とすると $(\log_e x)' = 1/x$ と非常に簡単な公式になります．そこで数学では e が底のときにはこれを省略して単に $\log x$ のように表し，これを**自然対数**といいます．自然対数の底という言い方はこれに由来しています．以上より，対数関数の微分は

初等関数の微分 III

(4)　$(\log_a x)' = \dfrac{1}{x \log a}$，　とくに　$(\log x)' = \dfrac{1}{x}$

となります．

8.4　合成関数の微分

指数関数の微分を計算する前に，**合成関数の微分**について見ていきます．

第2章で述べたとおり，関数というのは数に数を対応させるものでした．2つの関数 f, g があるとき，まず関数 f である数 a に $f(a)$ という数を対応させ，次に関数 g でこの $f(a)$ にある数 $g(f(a))$ を対応させるとします．このように2つの関数を結びつけたものを関数 f と関数 g の**合成関数**といい $g \circ f$ と表します（本などによっては，これを $f \circ g$ と表すこともあります）．すなわち $(g \circ f)(x) = g(f(x))$ となります．合成の順番と式の順番が逆になることに注意してください．

例題 8.2　$f(x) = x^2$，$g(x) = x + 1$ としたとき，$g \circ f$ と $f \circ g$ を求めよ．

解答

$$(g \circ f)(x) = g(f(x)) = g(x^2) = x^2 + 1$$

$$(f \circ g)(x) = f(g(x)) = f(x+1) = (x+1)^2 = x^2 + 2x + 1$$

となる．∎

合成関数の微分は，微分係数の計算を平均変化率の考えまで立ち返ると考えやすくなります．変数を取り替えて，$y = f(x)$，$z = g(y)$ と表すことにすると，$z = g(y) = g(f(x)) = (g \circ f)(x)$ ですから，平均変化率 $\Delta z / \Delta x$ を考えて

$\Delta x \to 0$ とすれば微分が求まります．ところが $\Delta y \neq 0$ なら

$$\frac{\Delta z}{\Delta x} = \frac{\Delta y}{\Delta x}\frac{\Delta z}{\Delta y}$$

なので，$\Delta x \to 0$ とすれば関数 f が連続なら同時に $\Delta y \to 0$ ともなるので，右辺の左の分数は $f'(x)$ になり，右辺の右の分数は $g'(y) = g'(f(x))$ になります（$\Delta y = 0$ なら $\Delta z = 0$ なので成立）．よって

微分の性質 III

(6) $(g \circ f)'(x) = f'(x)g'(f(x))$

となります．

例題 8.3 次の公式を示せ．

$$(f(ax+b))' = af'(ax+b)$$

解答 合成関数の微分の公式で $f(x) = ax + b$ とおくと $f'(x) = a$ であるから

$$(g(ax+b))' = (g \circ f)'(x) = f'(x)g'(f(x)) = ag'(ax+b)$$

となる．上式の最左辺と最右辺の g を f で置き換えて，

$$(f(ax+b))' = af'(ax+b)$$

を得る． ▮

例題 8.4 次の関数を微分せよ．

(1) $y = (2x+1)^3$ (2) $y = \sin(x^2)$

解答 (1) 例題 8.3 の公式を用いると

$$y' = 2 \cdot 3(2x+1)^2 = 6(2x+1)^2$$

となる．

(2) $t = f(x) = x^2$ とおくと $y = g(t) = \sin t$ となる．

$f'(x)=2x$, $g'(t)=\cos t=\cos(x^2)$ であるから，

$$y'=2x\cos(x^2)$$

となる． ▮

合成関数の考え方を使うと，第 2 章 2.7 節の逆関数 f^{-1} というのは関数 f と合成すると $z=x$ となる関数ということになります．すなわち $(f^{-1}\circ f)(x)=x$ が成り立ちます．逆関数の逆関数は元の関数なので，$(f\circ f^{-1})(x)=x$ も成り立ちます．両辺を x で微分して，逆関数の微分を元の関数の導関数 f' を用いて表すことができます．$(f\circ f^{-1})'(x)=(f^{-1})'(x)f'(f^{-1}(x))=1$ より

微分の性質 IV

(7)　$(f^{-1})'(x)=\dfrac{1}{f'(f^{-1}(x))}$

となります．

例題 8.5　$y=\sqrt{x}$ を微分せよ．

解答　$f(x)=x^2\ (x\geq 0)$ とおくと，$\sqrt{x}=f^{-1}(x)$ となる．$f'(x)=2x$ であるから，逆関数の微分の公式より，

$$\left(\sqrt{x}\right)'=(f^{-1})'(x)=\frac{1}{f'(f^{-1}(x))}=\frac{1}{f'(\sqrt{x})}=\frac{1}{2\sqrt{x}}$$

となる． ▮

8.5　指数関数の微分

第 5 章で述べた通り，対数関数は指数関数の逆関数です．したがって，指数関数は対数関数の逆関数でもあります．対数関数の微分の結果と前節の逆関数の微分を用いれば，指数関数の微分が導けます．

$y=\log_a x$ の逆関数は $y=a^x$ なので

$$(a^x)'=\frac{1}{(\log_a)'(a^x)}=\frac{1}{\frac{1}{a^x\log a}}=a^x\log a$$

となります．ここで $a=e$ とすると $\log e=1$ なので

$$(e^x)'=e^x$$

となります．したがって

初等関数の微分 IV

(5)　$(a^x)'=a^x\log a$,　とくに　$(e^x)'=e^x$

となります．

例題 8.6　次の関数を微分せよ．

(1)　$y=2^x$　　(2)　$y=e^{x^2}$

解答　(1) 上の公式 (5) に当てはめて，$y'=2^x\log 2$ となる．

(2) $t=f(x)=x^2$ とおくと $y=g(t)=e^t$ となる．

$f'(x)=2x$，$g'(t)=e^t=e^{x^2}$ であるから，

$$y'=2xe^{x^2}$$

となる．

指数関数においても，微分したときに一番単純な式となる e を底にしたものを多く利用します．

ある関数 $f(x)$ と指数関数，対数関数を合成した $e^{f(x)}$ や $\log f(x)$ の微分は

初等関数の微分 V

(6)　$(e^{f(x)})'=f'(x)e^{f(x)}$

(7)　$(\log f(x))'=\dfrac{f'(x)}{f(x)}$

となります．(7) は**対数微分法**で使われます．

例題 8.7　実定数 a とする．$y=x^a$ $(x>0)$ を微分せよ．

解答　両辺の対数をとると $\log y=a\log x$ となる．両辺を x で微分（左辺は

合成関数の微分）すると，

$$\frac{y'}{y} = \frac{a}{x}$$

となる．両辺に y をかけると，$y' = ax^{a-1}$ となる．

第 8 章　練習問題

1. 次の関数を微分せよ．

(1) $y = \cos(3x+1)$　(2) $y = \sin^2 2x$

(3) $y = \dfrac{2x+1}{x-3}$　(4) $y = \dfrac{1}{x^3}$

(5) $y = (x^2+x+1)^{10}$　(6) $y = \log(x^2+1)$

(7) $y = x\log x$　(8) $y = e^{(2x+1)}$

2. 等式の両辺の対数をとってから両辺の微分を行うことを**対数微分法**という．

対数微分法を用いて次の関数を微分せよ．

(1) $y = \sqrt{\dfrac{(x+3)(x+2)}{x+1}}$　(2) $y = x^x \quad (x>0)$

(3) $y = (\log x)^x \quad (x>1)$

3. 次の関数の増減，極値，グラフの凹凸，変曲点を調べ，グラフの概形をかけ．

(1) $y = \dfrac{1}{x^2+1}$

(2) $y = x + \sin x \quad (-2\pi \leq x \leq 2\pi)$

(3) $y = \sin^4 x \quad (0 < x < 2\pi)$

4. 次の関数の第 3 階導関数を求めよ．

(1) $y = \dfrac{1}{1-x}$　(2) $y = x^2e^x$

9　関数の近似

多項式関数の値の計算は，四則演算のみで済みますから非常に簡単ですが，それ以外の初等関数の値の計算は簡単にはいきません．例えば $y = \sin x$ という関数は第 4 章 4.3 節で与えられた定義から，$\sin(\pi/6) = \sin 30^\circ = 0.5$ はすぐにわかりますが，$\sin 29^\circ$ の正確な値はいくつでしょうか？

このようなとき，関数の値をそのまま計算できなくとも，なるべく近いグラフを持つ多項式関数に置き換えてることができれば，その多項式関数に独立変数の値を代入して計算すれば，四則演算のみでかなり近い値が出るでしょう．このような値を近似値といいます．

この章では，与えられた初等関数に対し，2 次までの多項式関数でこのような性質を持つものを，どのように見つけるかについて学習します．

9.1　接線の方程式

まず，接線の方程式の求め方を考えます．

2 次関数の接線は，2 次方程式の解が重解になるという条件でも求めることができますが，それ以外の関数ではそうはいきません．そこで微分を利用して，関数 $y = f(x)$ のグラフ上の点 $(a, f(a))$ を通るグラフの接線の方程式を求めてみましょう．

まずは，具体例として関数 $y = x^2$ の点 $(2, 4)$ における接線の方程式を求めてみます．$y = x^2$ を微分して導関数 $y' = 2x$ を得ます．導関数の従属変数は元の関数の微分係数，すなわち接線の傾きに等しいのですから，$x = 2$ のときの傾きは 4 になります．

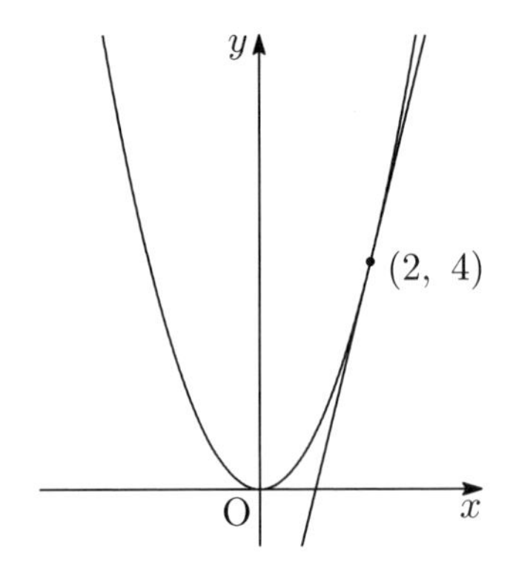

図 9.1　$y=x^2$ の接線

点 $(2,4)$ を通り，傾きが 4 なので，方程式は原点を通る直線 $y=4x$ を右に 2，上へ 4 平行移動して得られます．したがって，$y=4(x-2)+4$ が接線の方程式です．

一般の $y=f(x)$ の場合，微分係数 $f'(a)$ と．接点 $(a,f(a))$ より，$y=f'(a)x$ を平行移動して，

接線の方程式

$$y=f'(a)(x-a)+f(a)$$

が得られます．

例として，三角関数の $x=0$ における接線の方程式を考えてみます．

$$(\sin x)'=\cos x,\quad (\cos x)'=-\sin x,\quad (\tan x)'=1/\cos^2 x$$

なので，接線の傾きはそれぞれ 1，0，1 となります．通る点を考慮すれば，$x=0$ での接線の方程式はそれぞれ $y=x$，$y=1$，$y=x$ となります．$x=0$ 以外の点でも，導関数から傾きが求まるので，接線の方程式を求めることができます．例えば，$x=\pi/6$ のとき $\sin(\pi/6)=1/2$，$\cos(\pi/6)=\sqrt{3}/2$ なので，$y=\sin x$ の点 $(\pi/6,1/2)$ での接線の方程式は

$$y=\frac{\sqrt{3}}{2}\left(x-\frac{\pi}{6}\right)+\frac{1}{2} \tag{9.1}$$

となります．

次に，指数関数 $y=e^x$ の $x=0$ での接線の方程式を求めてみましょう．

$(e^x)' = e^x$ であり，$e^0 = 1$ なので，点 $(0, 1)$ を通り，傾き 1 の直線になりますから，$y = x + 1$ が接線の方程式です．

対数関数では，$x = 0$ での値はありませんから，$x = 1$ での接線の方程式を求めてみます．$(\log x)' = 1/x$ より，接線の傾きは 1 なので，点 $(1, 0)$ を通ることから，$y = x - 1$ が接線の方程式です．

例題 9.1　点 $(-1, -1)$ を通る $y = x^2 - 2x$ の接線の方程式を求めよ．

解答　$y' = 2x - 2$ だから，接点の x 座標を a とおくと，接線の方程式は

$$y = (2a - 2)(x - a) + (a^2 - 2a)$$

とかける．これが点 $(-1, -1)$ を通るのだから，方程式に代入して

$$-1 = (2a - 2)(-1 - a) + (a^2 - 2a)$$

となる．これを同値変形すると

$$a^2 + 2a - 3 = 0$$

となるので，この 2 次方程式を解くと $a = -3$, 1 となる．これを接線の方程式に代入すると

$$y = -8x - 9 \ \ (a = -3), \quad y = -1 \ \ (a = 1)$$

の 2 つが答えとなる．∎

9.2　1次近似

ここでは，関数の方程式とその接線の方程式の関係をみます．

元の関数の方程式の右辺からから，接線の方程式の右辺を引いたものを $R_2(x)$ として新しい関数を作ってみます．この $R_2(x)$ はどのような性質を持つでしょうか．前節の $y = x^2$ の例での $y = R_2(x)$ のグラフを示したのが図 9.2 です．

この $y = R_2(x)$ は $x = 2$ のところで，x 軸と接していますので，

$$R_2(2) = R_2'(2) = 0$$

をみたしています．

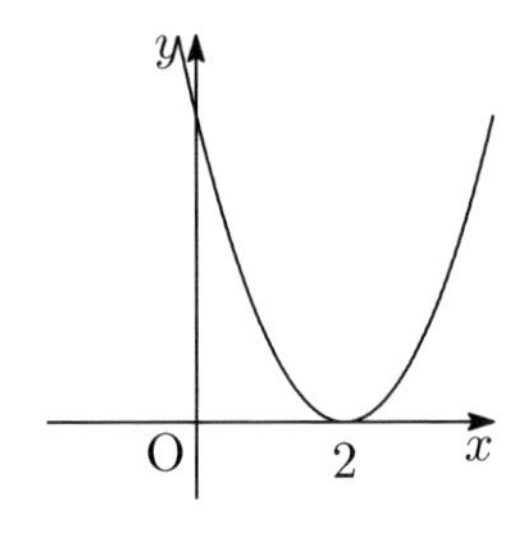

図 **9.2**　$y = R_2(x)$

同様のことは，接線の方程式ではいつでも成り立ちます．すなわち

$$R_2(x) = f(x) - \{f(a) + f'(a)(x-a)\}$$

とおくと，$R_2'(x) = f'(x) - f'(a)$ なので，

$$R_2(a) = f(a) - \{f(a) + f'(a)(a-a)\} = 0$$

$$R_2'(a) = f'(a) - f'(a) = 0$$

が成り立ち，関数 $R_2(x)$ のグラフは $x = a$ で x 軸と接していることがわかります．このことは，関数 $y = f(x)$ と関数 $y = f'(a)(x-a) + f(a)$ が $x = a$ の近くでは値がほぼ等しく，$x = a$ から少し離れても，関数の値の差は a との差に比例するほど大きくはないことを表しています．そこで，接線の方程式の右辺を **1 次近似式**ともいいます．昇冪の順で書き直すと

1 次近似式

$$f(a) + f'(a)(x-a)$$

となります．

前節の (9.1) 式で計算すると，$\pi/6 = 30°$，$1° = \pi/180 = 0.01745329\cdots$ ですから，$x = 29°$ でのこの接線の値は $y = 0.484885\cdots$ となり，この値は $\sin 29°$ にかなり近いことが期待できます．どの程度近い値になるかについては，次の章でみることにします．

例題 9.2　1 次近似を用いて，次の値を計算せよ．

(1) $\tan 1°$　　(2) $\log 1.1$

解答　(1) $1^\circ = \dfrac{\pi}{180}$（ラジアン）は 1 よりかなり小さな数なので，$x=0$ での $\tan x$ の 1 次近似式を用いる．1 次近似式は x なので近似値は，0.017453 となる（$\pi = 3.1416$ とし，有効数字 5 桁で計算）．

(2) $x=1$ での対数関数の 1 次近似式は $x-1$ なので，近似値は $1.1-1=0.1$ となる．

9.3　2 次近似

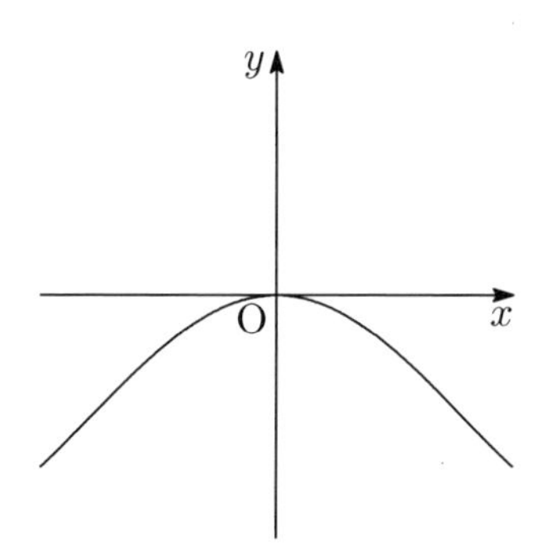

図 **9.3**　$y = \cos x - 1$

三角関数 $y = \cos x$ の右辺から，$x=0$ での 1 次近似式を引いた $R_2(x) = \cos x - 1$ のグラフは図 9.3 のようになります．

図 9.3 をみると，この場合の $R_2(x)$ は上に凸のグラフになっていますので，ここから適当な 2 次関数 cx^2 $(c<0)$ を引いてやると，$x=0$ 付近での値はさらに 0 に近くなりそうです．2 次関数 $y = cx^2$ は 2 回微分すると $y'' = 2c$ となるので，$R_2(x)$ の 2 階導関数の $x=0$ での値が $2c$ となるように c を決めてやると，$x=0$ 近くでの値がほとんど同じになることが期待できます．

$$(\cos x - 1)'' = (-\sin x)' = -\cos x$$

なので，$2c = -\cos 0 = -1$ より，$c = -1/2$ とすることにして，$R_2(x)$ から，$-x^2/2$ を引いたものを $R_3(x)$ とします．すなわち，

$$R_3(x) = (\cos x - 1) - (-\frac{1}{2}x^2) = \cos x - 1 + \frac{1}{2}x^2$$

とします．この $R_3(x)$ のグラフを図示したのが，図 9.4 です．

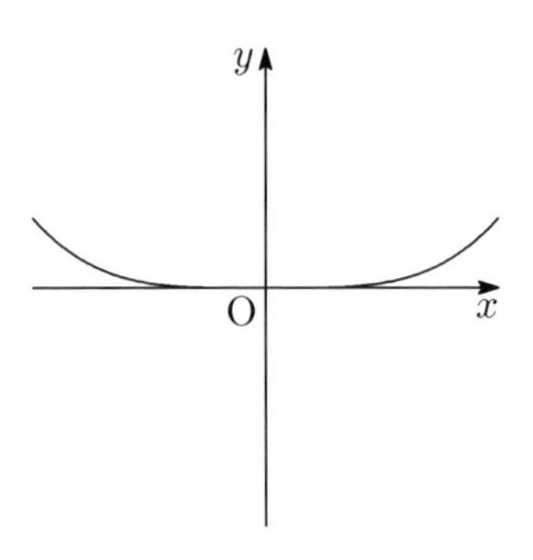

図 **9.4**　$y = \cos x - 1 + x^2/2$

図 9.3 と図 9.4 は同縮尺で描いているので，より x 軸に近い（多項式が $\cos x$ に近い）値が得られていることがわかります．この $R_3(x)$ は

$$R_3(0) = R_3'(0) = R_3''(0) = 0$$

をみたしています．

同様にして，一般の場合にも $R_2(x) = f(x) - \{f(a) + f'(a)(x-a)\}$ に対し，

$$R_2''(x) = (f'(x) - f'(a))' = f''(x)$$

となるので，$2c = f''(a)$ より $c = f''(a)/2$ として，$R_2(x)$ から $x = a$ で 0 となる 2 次関数 $f''(a)(x-a)^2/2$ を引いて，

$$R_3(x) = f(x) - \left\{ f(a) + f'(a)(x-a) + \frac{f''(a)}{2}(x-a)^2 \right\}$$

とします．このようにおくと

$$R_3(a) = R_3'(a) = R_3''(a) = 0$$

をみたし，$R_2(x)$ 以上に $x = a$ で 0 に近い関数が得られます．$R_3(x)$ の右辺の { } の中を **2 次近似式**といいます．すなわち，関数 $y = f(x)$ の $x = a$ での 2 次近似式は

2 次近似式

$$f(a) + f'(a)(x-a) + \frac{f''(a)}{2}(x-a)^2$$

となります．

いろいろな関数の 2 次近似　2 次関数 $y = cx^2$ の場合，$y' = 2cx$，$y'' = 2c$ ですから，2 次近似式は

$$ca^2 + 2ca(x-a) + c(x-a)^2$$

となります．この場合は，2 次近似式を展開すると cx^2 に戻りますので，2 次近似式から決まる多項式関数は，元の 2 次関数とまったく同じ関数になります．

3 次関数 $y = cx^3$ の場合，$y' = 3cx^2$，$y'' = 6cx$ ですから，2 次近似式は

$$ca^3 + 3ca^2(x-a) + 3ca(x-a)^2$$

となります．より具体的に，$c = 1$，$a = 1$ とした場合の 2 次近似式は

$$1 + 3(x-1) + 3(x-1)^2$$

となります．$x = 1.1$ では $1.1^3 = 1.331$ に対し，2 次近似式からの値は $1 + 0.3 + 0.03 = 1.33$ となるので，かなり近い値であることがわかります．

$y = \sin x$ の場合，$(\sin x)'' = (\cos x)' = -\sin x$ なので，$x = 0$ での 2 次近似式は $f''(0) = 0$ となるので 1 次近似式と同じ x となります．ただし，$x = \pi/6$ での 2 次近似式は (9.1) 式の 1 次近似式とは異なり，

$$y = \frac{1}{2} + \frac{\sqrt{3}}{2}\left(x - \frac{\pi}{6}\right) - \frac{1}{4}\left(x - \frac{\pi}{6}\right)^2$$

となります．この式で $x = 29^\circ$ とすると $y = 0.484808\cdots$ となります．この値と 1 次近似の値のどちらがより $\sin 29^\circ$ に近いかは，自分で確かめて見てください（第 10 章 10.2 節で計算によって確認しています）．

$y = \cos x$ の $x = 0$ での 2 次近似式は，先ほどの計算どおり

$$1 - x^2/2$$

となります．

$y = \tan x$ の場合，少し難しい計算になりますが，$(\tan x)'' = (1/\cos^2 x)' = 2\sin x/\cos^3 x$ となるので，$f''(0) = 0$ となり，やはり $x = 0$ での 2 次近似式は，1 次近似式と同じ x です．

$y = e^x$ の場合，$(e^x)'' = (e^x)' = e^x$ なので，$x = 0$ での 2 次近似式は

$$1 + x + x^2/2$$

となります.

最後に，$y = \log x$ の $x = 1$ での2次近似式は，$(\log x)'' = (1/x)' = -1/x^2$ なので，

$$(x-1) - (x-1)^2/2$$

となります.

例題 9.3　2次近似式を用いて，次の値を計算せよ.

(1) $\cos 1^\circ$　　(2) e

解答　(1) $y = \cos x$ の $x = 0$ での2次近似式は $1 - x^2/2$ なので，ここで，$x = \pi/180$ として（$\pi = 3.1416$ で近似計算），0.99984769 となる.

(2) $y = e^x$ の $x = 0$ での2次近似式は $1 + x + x^2/2$ なので，$x = 1$ として $1 + 1 + 0.5 = 2.5$ となる. ▮

第9章　練習問題

1. 次の関数の指定された場所での接線の方程式を求めよ.

(1) $y = 2x^2 - 1$　$(x = 1)$　　(2) $y = \sqrt{x}$　$(x = 2)$

(3) $y = \sin x$　$(x = \pi/3)$　　(4) $y = \tan 2x - x$　$(x = 0)$

(5) $y = e^{2x}$　$(x = 0)$　　(6) $y = \log_2 x$　$(x = 2)$

2. 次の関数の指定された場所での2次近似式を求めよ.

(1) $y = 2x^2 - 1$　$(x = 1)$　　(2) $y = x^3$　$(x = 2)$

(3) $y = \sin 2x$　$(x = \pi/3)$　　(4) $y = e^x - x$　$(x = 1)$

3. 適当な2次近似式を利用して次の値の近似値を小数第4位まで計算せよ.

(1) $\sin 35^\circ$　　(2) $\tan 130^\circ$

(3) $\sin 1^\circ$　　(4) $\sin 1$

(5) $e^{0.2}$　　(6) $\log 1.1$

10　テイラー展開 I

この章では，前章に引き続き，いくつかの関数について 3 次以上の多項式関数での近似と，その誤差について学習します．また，この考え方を発展させたテイラー展開について学習します．テイラー展開については，第 13 章で再び取り上げます．

10.1　3 次以上の近似式

1 次近似式，2 次近似式の考え方を発展させて，**3 次近似式**を次のようにして求めます．

関数 $y = f(x)$ の $x = a$ における 3 次近似式 $c_0 + c_1(x-a) + c_2(x-a)^2 + c_3(x-a)^3$ は，

$$R_4(x) = f(x) - \{c_0 + c_1(x-a) + c_2(x-a)^2 + c_3(x-a)^3\}$$

とおいたとき，

$$R_4(a) = R_4'(a) = R_4''(a) = R_4^{(3)}(a) = 0$$

をみたすものとして定義します．

$R_4(x)$ の 3 階までの導関数を計算していくと，$R_4(a) = f(a) - c_0 = 0$ より，$c_0 = f(a)$, $R_4'(a) = f'(a) - c_1 = 0$ より，$c_1 = f'(a)$, $R_4''(a) = f''(a) - 2c_2 = 0$ より，$c_2 = f''(a)/2$，$R_4^{(3)}(a) = f^{(3)}(a) - 3!c_3$ より，$c_3 = f^{(3)}(a)/3!$ となります．したがって，3 次近似式は

3 次近似式

$$f(a) + f'(a)(x-a) + \frac{f''(a)}{2}(x-a)^2 + \frac{f^{(3)}(a)}{3!}(x-a)^3$$

となります．ただし，$n! = n(n-1)(n-2)\cdots \times 2 \times 1$ です．

例題 10.1 関数 $y = e^{2x}$ の $x = 0$ での3次近似式を求めよ.

解答 $y' = 2e^{2x}$, $y'' = 4e^{2x}$, $y^{(3)} = 8e^{2x}$ なので, $x = 0$ のときは $y = 1$, $y' = 2$, $y'' = 4$, $y^{(3)} = 8$ となる. これらを公式に当てはめて,

$$1 + 2x + \frac{4}{2}x^2 + \frac{8}{3!}x^3 = 1 + 2x + 2x^2 + \frac{4}{3}x^3$$

となる. ∎

今までの近似式からわかる通り, より高次の近似式を考える場合は, 最高次の項を除けば低次の近似式と等しくなっています. したがって, n 次近似式は

$$R_{n+1}(x) = f(x) - \{c_0 + c_1(x-a) + \cdots + c_n(x-a)^n\}$$

とおいたとき, $R_{n+1}^{(n)}(a) = f^{(n)}(a) - n!c_n = 0$ より, $c_n = f^{(n)}(a)/n!$ となるので,

n 次近似式

$$f(a) + f'(a)(x-a) + \frac{f^{(2)}(a)}{2!}(x-a)^2 + \cdots + \frac{f^{(n)}(a)}{n!}(x-a)^n$$

となります.

10.2 テイラーの定理

関数 $y = f(x)$ に対し, 今までの計算で出てきた $R_n(x)$ を **n 次剰余項**といいます. 前章では $R_2(x)$ から始まりましたが, $R_1(x) = f(x) - f(a)$ とし, 1次剰余項といいます. $R_n(x)$ を $f(x)$ やその導関数の値を用いて具体的に表すことを考えます.

$R_{n+1}(x)$ の式を書き換えてみると,

テイラーの定理

$$f(x) = f(a) + f'(a)(x-a) + \cdots + \frac{f^{(n)}(a)}{n!}(x-a)^n + R_{n+1}(x)$$

という**テイラーの定理**となります. この式の右辺は, 左辺の関数 $f(x)$ を"近似式＋余り"に分解したとみることができるので, $R_{n+1}(x)$ を剰余項といい

ます．剰余項の具体形を求めるには，次のロルの定理を用います．

ロルの定理

区間 $[a,b]$ で微分可能な関数が $f(a) = f(b)$ をみたすなら $a < \xi < b$ で $f'(\xi) = 0$ となる定数 ξ が存在する．

定理の証明は省略しますが，図 10.1 のような状況を表しています．

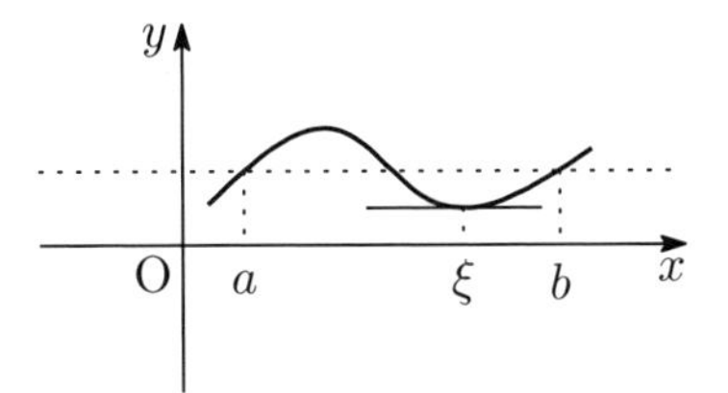

図 10.1　ロルの定理

ロルの定理を用いて，剰余項の具体形を求めるのは次のようにします．まず，$R_1(x) = f(x) - f(a)$ の場合，a，x を定数と思い t を変数として，

$$g(t) = R_1(t) - \frac{R_1(x)}{x-a}(t-a)$$

とおきます．このとき

$$g'(t) = R_1'(t) - \frac{R_1(x)}{x-a}$$

です．$g(a) = R_1(a) = 0$, $g(x) = R_1(x) - R_1(x) = 0$ なのでロルの定理が使えて，$a < \xi < x$ で $g'(\xi) = R_1'(\xi) - R_1(x)/(x-a) = 0$ をみたす ξ が存在します．$R_1'(x) = f'(x)$ なので，$R_1(x) = f'(\xi)(x-a)$ となります．したがって，

$$f(x) = f(a) + f'(\xi)(x-a) \quad (a < \xi < x)$$

となります．$R_2(x)$ の場合

$$g(t) = R_2(t) - \frac{R_2(x)}{(x-a)^2}(t-a)^2$$

とおきます．このとき

$$g'(t) = R_2'(t) - \frac{2R_2(x)}{(x-a)^2}(t-a), \quad g''(t) = R_2''(t) - \frac{2R_2(x)}{(x-a)^2}$$

です．$g(a) = R_2(a) = 0$，$g(x) = R_2(x) - R_2(x) = 0$ よりロルの定理が使えて，$a < \xi_1 < x$ で $g'(\xi_1) = 0$ をみたす ξ_1 が存在します．さらに $g'(a) = R_2'(a) = 0$ なので再びロルの定理が使えて，$a < \xi < \xi_1$ で $g''(\xi) = R''(\xi) - 2R_2(x)/(x-a)^2 = 0$ をみたす ξ が存在します．$R''(x) = f''(x)$ なので，

$$f(x) = f(a) + f'(a)(x-a) + \frac{f''(\xi)}{2}(x-a)^2 \quad (a < \xi < x)$$

となります．

一般の場合

$$g(t) = R_{n+1}(t) - \frac{R_{n+1}}{(x-a)^{n+1}}(t-a)^{n+1}$$

とおいて，ロルの定理を $n+1$ 回用いれば $a < \xi < x$ なる ξ が存在して

$$f(x) = f(a) + f'(a)(x-a) + \cdots + \frac{f^{(n)}(a)}{n!}(x-a)^n + \frac{f^{(n+1)}(\xi)}{(n+1)!}(x-a)^{(n+1)}$$

ただし ξ は開区間 (a, x)（または (x, a)）に属す，ある値である．

となります．右辺の $n+1$ 項までが近似式で最後の項が剰余項の具体形です．

前章の三角関数の例で，多項式近似の誤差を求めてみましょう．$\sin 29^\circ$ の近似計算で，1 次近似の剰余項 $R_2(x)$ の絶対値は

$$|R_2(x)| = \left|\frac{f''(\xi)}{2}(x-a)^2\right| = \frac{\sin\xi(1^\circ)^2}{2} < \frac{\pi^2}{4 \cdot 180^2} = 0.00007615\cdots$$

となります．ただし ξ は 29° と 30° の間の数なので，$|\sin\xi| < 1/2$ としています．一方，2 次近似の剰余項 $R_3(x)$ の絶対値は

$$|R_3(x)| = \left|\frac{f^{(3)}(\xi)}{3!}(x-a)^{(3)}\right| = \frac{\cos\xi(1^\circ)^3}{6} < \frac{\pi^3}{6 \cdot 180^3} = 0.000000886\cdots$$

となります．ただし $|\cos\xi| < 1$ を用いました．このことから，1 次近似式から計算した値より，2 次近似式から計算した値は，$\sin 29^\circ$ の真の値に近い値になっていることがわかります．

例題 10.2　$\log 1.2$ の 2 次近似値とその誤差の限界を求めよ．

解答　$f(x) = \log x$ のとき $f'(x) = \dfrac{1}{x}$，$f''(x) = -\dfrac{1}{x^2}$，$f^{(3)}(x) = \dfrac{2}{x^3}$ と

なるので，2 次近似式は $(x-1)+(x-1)^2/2$ で $R_3(x)=\dfrac{f^{(3)}(\xi)}{3!}(x-1)^3=\dfrac{2}{3!\xi^3}(x-1)^3$ となる．$1<\xi<1.2=x$ だから 近似値は $0.2-0.2^2/2=1.8$ で誤差の限界は $|R_3(x)|<\dfrac{2\cdot 0.2^3}{3!}=0.002\dot{6}$ である． ■

10.3　テイラー展開

関数 $f(x)$ が何回でも微分できて，$x=a$ を含むある区間で n が無限に大きくなるとき剰余項 $R_{n+1}(x)$ が 0 に近づくとします．このとき，テイラーの定理で $R_{n+1}(x)$ を 0 とし，右辺を関数の和の極限としたものをテイラー展開といいます．すなわち

テイラー展開

$$f(x)=f(a)+f'(a)(x-a)+\cdots=\sum_{n=0}^{\infty}\frac{f^{(n)}(a)}{n!}(x-a)^n$$

ただし，$0!=1$，$f^0(a)=f(a)$，$(x-a)^0=1$.

を関数 $f(x)$ のテイラー展開といいます．とくに $x=0$ でのものを**マクローリン展開**ともいいます．いくつかの関数で，テイラー展開を求めてみます（剰余項が 0 に近づくことの証明は省略します).

$y=\sin x$ の場合

$x=0$ での $y=\sin x$ のテイラー展開を求めます．導関数は

$$(\sin x)'=\cos x,\ (\sin x)''=-\sin x,\ (\sin x)^{(3)}=-\cos x,\ (\sin x)^{(4)}=\sin x$$

となり，後はこれの繰り返しになります．$\sin 0=0$，　$\cos 0=1$ ですから偶数階の微分係数は 0 になり，テイラー展開の偶数次は消えてしまいます．奇数階の微分係数は $k=0,\ 1,\ 2,\ldots$ として，$n=4k+1$ では 1 で，$n=4k+3$ では -1 となるので，これをテイラー展開の式に当てはめると，

$$\sin x=x-\frac{x^3}{3!}+\frac{x^5}{5!}-\frac{x^7}{7!}+\cdots$$

となります．図 10.2 はこれより求まる近似式をいくつか重ねたものです．次数が上がるに従って，だんだんとサインカーブに近づく様子がわかります．

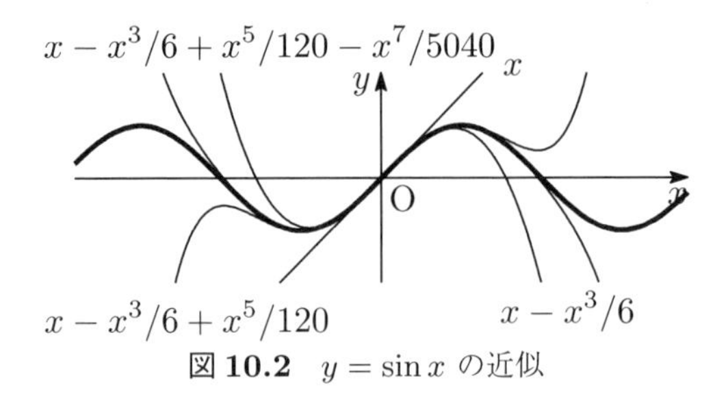

図 10.2　$y = \sin x$ の近似

$y = \cos x$ の場合

$x = 0$ での $y = \cos x$ のテイラー展開を求めます．導関数は

$(\cos x)' = -\sin x,\ (\cos x)'' = -\cos x,\ (\cos x)^{(3)} = \sin x,\ (\cos x)^{(4)} = \cos x$

となり，後はこれの繰り返しになります．これより奇数階の微分係数は0になり，テイラー展開の奇数次は消えてしまいます．偶数階の微分係数は $n = 4k$ では1で，$n = 4k+2$ では -1 となるので，これをテイラー展開の式に当てはめると，

$$\cos x = 1 - \frac{x^2}{2!} + \frac{x^4}{4!} - \frac{x^6}{6!} + \cdots$$

となります．

この，テイラー展開の右辺を形式的に（項別に）微分してみると

$$0 - \frac{2x}{2!} + \frac{4x^3}{4!} - \frac{6x^5}{6!} + \cdots = -x + \frac{x^3}{3!} - \frac{x^5}{5!} - \cdots$$

となり，$\sin x$ のテイラー展開とちょうど符号が逆になっているので，$-\sin x$ のテイラー展開に等しくなっていることがわかります．これは $(\cos x)' = -\sin x$ に対応しています．

このように本来，多項式関数ではない三角関数ですが，多項式に近い形で表すことができ，微分も多項式の微分で行うことができます．

$y = e^x$ の場合

$x = 0$ での $y = e^x$ のテイラー展開を求めます．導関数は常に e^x で $e^0 = 1$ ですからテイラー展開の式に当てはめると，

$$e^x = 1 + x + \frac{x^2}{2!} + \frac{x^3}{3!} + \frac{x^4}{4!} + \cdots$$

となります．

このテイラー展開の右辺を形式的に微分しても変化しないことも確かめられます．これは $(e^x)' = e^x$ に対応しています．

$y = \log(x+1)$ の場合

$y = \log x$ は $x = 0$ での値がないので，平行移動して $y = \log(x+1)$ の $x = 0$ でのテイラー展開を求めます．導関数は

$$(\log(x+1))' = \frac{1}{x+1}, \quad (\log(x+1))'' = -\frac{1}{(x+1)^2},$$

$$(\log(x+1))^{(3)} = \frac{2}{(x+1)^3}, \quad (\log(x+1))^{(4)} = -\frac{3!}{(x+1)^4}, \ldots$$

となります．したがって，$x = 0$ での微分係数は順に 1，-1，2，$-3!$，$4!, \ldots$ となります．$\log 1 = 0$ なので，これらをテイラー展開の式に当てはめると，

$$\log(x+1) = x - \frac{x^2}{2} + \frac{x^3}{3} - \frac{x^4}{4} + \cdots$$

となります．ただし，このテイラー展開は $|x| < 1$ の場合に等号が成り立ちます．この式の両辺を微分してみると，

$$\frac{1}{x+1} = 1 - x + x^2 - x^3 + x^4 - \cdots$$

となりますが，これは $y = \dfrac{1}{x+1}$ の $x = 0$ でのテイラー展開に一致しています．

このように，関数をテイラー展開しておくと，微分を行う際に多項式の微分の公式を当てはめるだけで，微分ができてしまうという利点があります．

例題 10.3 $y = 1/(x+1)$ をマクローリン展開せよ．

解答 $y = 1/(x+1) = (x+1)^{-1}$ と表す．簡単な計算により

$$y^{(n)} = (-1)^n n!(x+1)^{-n-1}$$

となることが示せる．これに $x = 0$ を代入して $y^{(n)} = (-1)^n n!$ となる．よって，マクローリン展開（$x = 0$ でのテイラー展開）は

$$\frac{1}{x+1} = \sum_{n=0}^{\infty} (-1)^n x^n = 1 - x + x^2 - x^3 + \cdots$$

となる．

注意　この式は等比数列の和の公式からも示すことができます.

第 10 章　練習問題

1. 次の関数のマクローリン展開を求めよ.

(1)　$f(x) = e^{2x}$　　(2)　$f(x) = \log(x+1)$

(3)　$f(x) = e^x \sin x$

2. 次の関数の ( ) 内の点におけるテイラー展開を求めよ.

(1)　$f(x) = x^3 + 1 \quad (x = -1)$

(2)　$f(x) = \dfrac{e^x}{e^2} \quad (x = 2)$

(3)　$f(x) = \dfrac{1}{x} \quad (x = 1)$

3. 次の問いに答えよ.

(1)　$\log(x+1)$ に $n = 4$ としたときのマクローリンの定理を適用せよ.

(2)　(1) を利用して $\log 1.2$ の近似値を求めよ．また，誤差の評価を求めよ.

4. 次の三角比を誤差の評価を行い小数第 4 位まで求めよ.

(1)　$\sin 5^\circ$　　(2)　$\cos 40^\circ$

11　定積分

この章では，関数のグラフから面積を計算する定積分について学習します．まず，多角形と，曲線に囲まれた図形の面積の違いについて考察し，後者について，連続関数 $y = f(x)$ と 3 直線 $y = 0$, $x = a$, $x = b$ で囲まれた図形の定積分として考えます．次に，定積分の性質を与えます．それぞれの性質は面積の性質として捉えることができます．最後に定積分の平均値の定理について考察します．

11.1　定積分の計算

面積を測る際の基本図形は長方形です．長方形の面積は「縦の長さ × 横の長さ」で求めることができます．直角三角形は 2 枚合わせると長方形になります．他の三角形は直角三角形の和や差で表すことができます．(図 11.1 参照)．

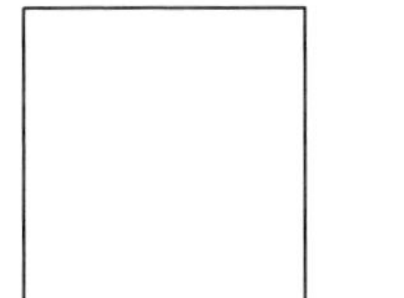

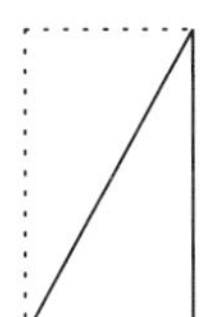

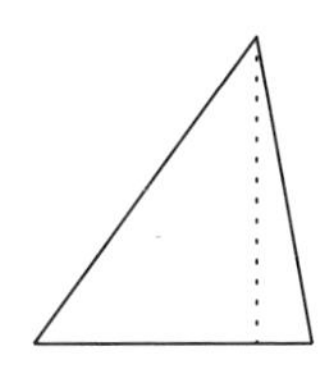

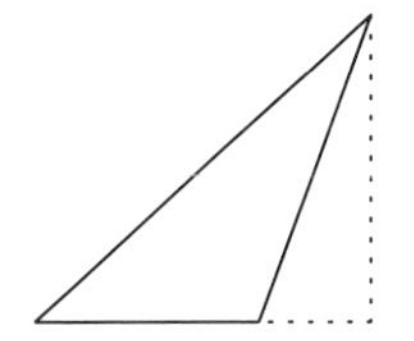

図 11.1　三角形の面積

任意の多角形は有限個の三角形に分割できます．したがって，直線で囲まれた図形の面積は三角形の面積の和として求めることができます．では，曲線で囲まれた図形の面積はどのように考えればよいのでしょうか．

曲線で囲まれた図形の面積は，**区分求積法**という考え方で求めることができます．ここでは，区分求積法と少し異なりますが，正値関数 $y = f(x)$ の区間 $[a, b]$ での定積分というものを考えてみます．

まずは，図 11.2 の斜線部分の面積を定積分で計算してみます．

図は，直線 $y = x$ と x 軸と $x = 1$ で囲まれた三角形です．この三角形の面積は定積分など用いなくても簡単に求まりますが，定積分では次のようにします．まず，面積を考える x の区間 $[0, 1]$ を n 等分します（図 11.2 では 11 等分）．次に等分したそれぞれの区間で，グラフの高さに合わせて長方形をつくり，その n 個の長方形の面積をそれぞれ計算して足し合わせます．最後に分割の数を多くして（n を無限大にして）面積の和

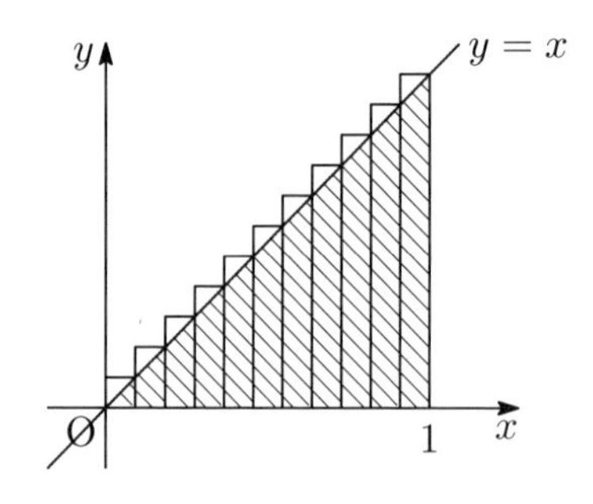

図 **11.2**　$y = x$ の定積分

の極限を求めます．

$y = x$ の場合，n 等分すると $x_0 = 0$, $x_1 = 1/n, \ldots,$ $x_k = k/n, \ldots,$ $x_n = 1$ として，区間 $I_k = [x_{k-1}, x_k]$ $(k = 1,\ 2, \ldots,\ n)$ での長方形の面積 s_k は，高さが $x_k = k/n$，幅が $1/n$ なので，

$$s_k = x_k \times 1/n = k/n^2$$

となります．面積の総和 S_n は

$$S_n = \sum_k^n s_k = \frac{1}{n^2}\sum_k^n k = \frac{1}{n^2} \cdot \frac{n(n+1)}{2} = \frac{1}{2} + \frac{1}{2n}$$

となります．ここで，第6章6.2節の等差数列の和の公式を使いました．この場合，1/2 が本来の三角形の面積で，$1/2n$ は斜線部分から飛び出た小さい三角形の面積の総和です．S_n は n を大きくしていくと 1/2 に近づいていくので，斜線部分の面積は 1/2 となります．

この考え方で，次に図 11.3 の斜線部分の面積を求めてみましょう．この図形は境界の一部が曲線になっているので三角形の面積から直接求めることはできません．

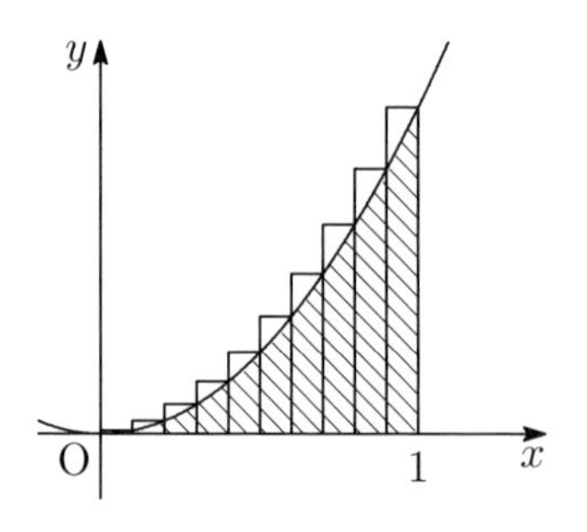

図 **11.3**　$y = x^2$ の定積分

前の例と同じく n 等分したとき，今回は高さが $x_k^2 = k^2/n^2$ になるので，k 番目の長

方形の面積 s_k は

$$s_k = x_k^2 \times 1/n = k^2/n^3$$

となり，長方形の面積の和 S_n は

$$S_n = \sum_k^n s_k = \frac{1}{n^3}\sum_k^n k^2$$

となります．1 から n までの 2 乗の総和は $n(n+1)(2n+1)/6$ なので，

$$S_n = n(n+1)(2n+1)/6n^3 = (1+1/n)(2+1/n)/6$$

となります．ここで n を無限大にすると $1/n$ が 0 になるので，$S=1/3$ がでてきます．

例題 11.1　$y = x^2 + x$ の $[0,1]$ 区間での定積分を計算せよ．

解答　$[0,1]$ を n 等分し $x_k = k/n$ $(k = 0,\ 1,\ \ldots,\ n)$ とする．

$$S_k = (x_k^2 + x_k)\times 1/n = (k^2/n^2 + k/n)/n = \frac{k^2}{n^3} + \frac{k}{n^2}$$

なので

$$\begin{aligned} S = S_1 + S_2 + \cdots + S_n &= \frac{1^2+2^2+\cdots+n^2}{n^3} + \frac{1+2+\cdots+n}{n^2} \\ &= \frac{(1+\frac{1}{n})(2+\frac{1}{n})}{6} + \left(\frac{1}{2}+\frac{1}{2n}\right) \overset{n\to\infty}{\longrightarrow} \frac{1}{3}+\frac{1}{2} = \frac{5}{6}. \end{aligned}$$

■

11.2　定積分とその性質

前節の計算結果を踏まえて，連続関数の**定積分**を次のように定義します（この定義はかなり簡略化したものであることを注意しておきます）．

区間 $I=[a,b]$ 上の連続関数 $y=f(x)$ の定積分は，

$$x_k = a + k(b-a)/n,\quad (k = 1,\ 2, \ldots)\quad I_k = [x_{k-1}, x_k]$$

として区間 I を n 等分し，それぞれの区間で $f(x_k)$ を（負の場合も含めた）高さとした長方形の「面積」の総和をとり，n を無限大にした極限で定義します．$\sum$ を用いて数式で表すと，

$$\int_a^b f(x)\,dx = \lim_{n\to\infty}\sum_{k=1}^n f(x_k)\frac{b-a}{n}$$

となります．この式の意味は，右辺の $\sum$ の右側が長方形の面積を表していて，その総和の極限を左辺で表現するという意味です．左辺の記号 $\int$ を**インテグラル**と読み，積分を表す記号です．また，$\int$ の添え字の上下を入れ替えたときは符号が逆になるものとします．すなわち $\int_b^a = -\int_a^b$ とします．前節で行った2つの計算結果をこの記号を使って表すと，

$$\int_0^1 x\,dx = \frac{1}{2}, \qquad \int_0^1 x^2\,dx = \frac{1}{3}$$

と表すことができます．

定積分では，関数の値 $f(x)$ が負の部分では，負の面積として計算されます．つまり，面積の概念を拡張したものになっています．したがって，図形の面積を幾つかの部分に分けて足し合わせることができたり，ある方向に拡大することができたりするように，定積分でも次の性質が成り立ちます．

定積分の性質

(1) $\int_a^b f(x)\,dx = \int_a^c f(x)\,dx + \int_c^b f(x)\,dx$

(2) $\int_a^b cf(x)\,dx = c\int_a^b f(x)\,dx$

(3) $\int_a^b \{f(x) \pm g(x)\}\,dx = \int_a^b f(x)\,dx \pm \int_a^b g(x)\,dx$

(4) $f(x) \geq 0,\ a < b$ なら $\int_a^b f(x)\,dx \geq 0$

(5) $\int_a^a f(x)\,dx = 0$

(6) $a \leq b$ なら $|\int_a^b f(x)\,dx| \leq \int_a^b |f(x)|\,dx \leq (b-a)\max\{|f(x)|\}$

(3) については，前節の例題を参照してください．(4) は，特に区間内で，1点でも $f(x) > 0$ を満たせば不等号 $>$ が成立します．また，$a > b$ の場合は不等号の向きが逆になります．

例題 11.2　次の定積分の計算をしなさい．

$$\int_0^1 (2x^2 - 3x)\,dx$$

解答 定積分の性質と前節の定積分の結果を用いると

$$\int_0^1 (2x^2 - 3x)\,dx = 2\int_0^1 x^2\,dx - 3\int_0^1 x\,dx = \frac{2}{3} - \frac{3}{2} = -\frac{5}{6}$$

となる. ∎

11.3 平均値の定理

ここで，定積分の意味を捉えなおしてみます.

第 11.1 節の $y = x$ の定積分の結果を図 11.4 のように表しなおしてみます.

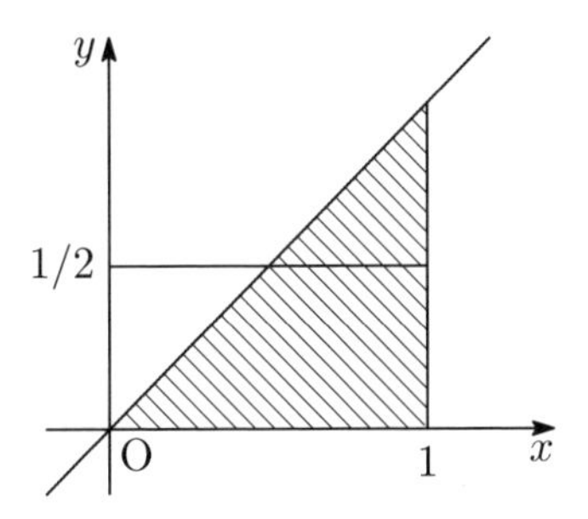

図 11.4 $y = x$ の平均の高さ

区間の幅が 1 なので，面積 1/2 の長方形は高さも 1/2 となります．このとき 1/2 という高さが，その区間での関数 $y = x$ の値の平均値であることを表しています.

同様に，$y = x^2$ の定積分の結果を表しなおしたのが，図 11.5 です．この場合は，1/3 という高さが $[0, 1]$ 区間での関数 $y = x^2$ の値の平均値であることを表しています.

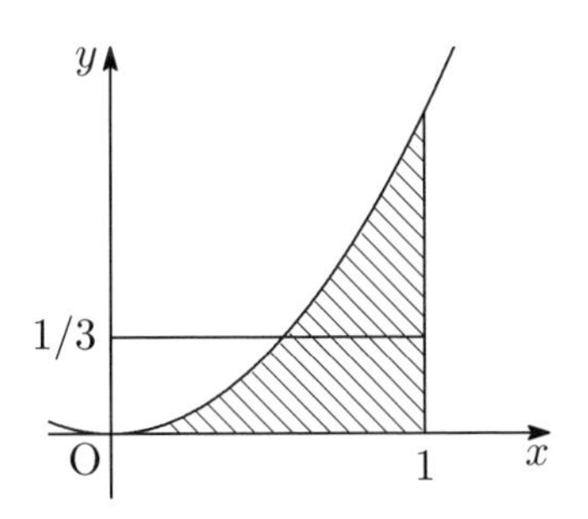

図 11.5 $y = x^2$ の平均の高さ

これらと同じ考え方を一般の連続関数 $y = f(x)$ でも考えてみましょう．区間

$I = [a, b]$ での関数 $y = f(x)$ の定積分が S であるとします．すなわち

$$S = \int_a^b f(x)\,dx$$

とします．このとき区間 I で面積が同じ S となる長方形を考えると，その高さは区間 I での関数の値 $f(x)$ の平均値と考えられます．グラフが連続なので，平均値と同じ値をとる点が区間 I 内で少なくとも 1 つ存在します（図 11.6 を参照）．

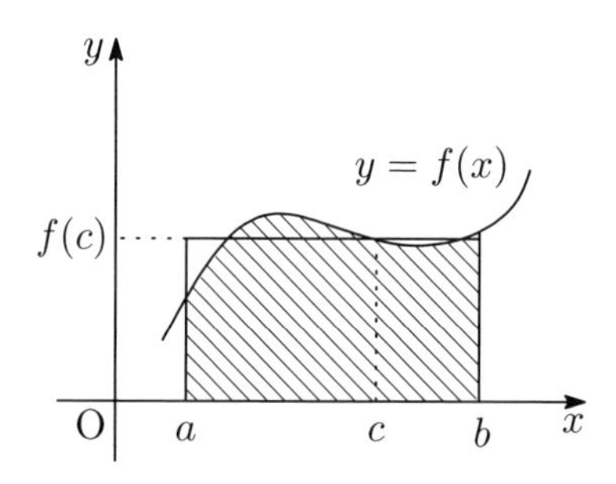

図 11.6　平均の高さを取る点

それを c とすると $a < c < b$ であり，面積が同じであることから

$$f(c)(b-a) = S$$

が成り立ちます．この式の右辺は長方形の面積を表しています．

この考察より，次の**平均値の定理**が成り立つことがわかります．

平均値の定理

連続関数 $y = f(x)$ に対し，区間 $[a, b]$ 内で

$$f(c)(b-a) = \int_a^b f(x)\,dx$$

を満たす定数 c が少なくとも 1 つ存在する．

第 11 章　練習問題

1. 定積分の定義に従って $\displaystyle\int_1^2 x^3\,dx$ の値を求めよ．ただし，$\displaystyle\sum_{k=1}^{n} k^3 = \frac{\{n(n+1)\}^2}{4}$ を使って良い．

2. 次の定積分を計算せよ．

(1) $\displaystyle\int_2^5 3\,dx$　　(2) $\displaystyle\int_3^1 (4x-1)\,dx$

(3) $\displaystyle\int_0^1 (x^2+2x+3)\,dx$　　(4) $\displaystyle\int_1^2 (x^3-2x^2)\,dx$

3. 次の式をみたす c $(0 < c < 3)$ を全て求めよ．

$$(c^2 - 2c + 3)(3 - 0) = \int_0^3 (x^2 - 2x + 3)\,dx$$

12 不定積分

この章では，定積分の積分区間を変数化した不定積分と微分の関係について学習します．まず，不定積分を導入し，この不定積分がある意味で微分の逆になっていることを前章の平均値の定理から導きます．これより，積分についてのさまざまな性質が微分の性質から導かれていくことをみます．

12.1 不定積分

積分される関数を**被積分関数**といいます．被積分関数の独立変数を t とし，積分区間を $[a, x]$ とした積分を考えると，これは x によって値が変化する関数となります．これを

$$F(x) = \int_a^x f(t)\,dt$$

とおいて，関数 $y = f(x)$ の**不定積分**といいます．

不定積分を微分したらどうなるかを見てみましょう．$F(x)$ の差分 $F(x+h) - F(x)$ は

$$\begin{aligned} F(x+h) - F(x) &= \int_a^{x+h} f(t)\,dt - \int_a^x f(t)\,dt \\ &= \int_x^{x+h} f(t)\,dt \\ &= f(c)\{(x+h) - x\} \quad (x < c < x+h) \\ &= f(c)h \quad (x < c < x+h) \end{aligned}$$

ここで，2 行目から 3 行目の変形には，第 11 章 11.3 節の平均値の定理を用いています．この式の両辺を h で割り h を 0 に近づければ，導関数の定義から左辺は $F'(x)$ に近づき，右辺は（c が x に近づくので）$f(x)$ に近づきます．したがって，

$$F'(x) = f(x)$$

となります．

したがって，$y = f(x)$ の不定積分というのは，導関数が $f(x)$ となる関数と見ることができます．このような関数を $f(x)$ の**原始関数**ともいいます．

不定積分は，区間の端 a によっても変化しますので，区間を明記せず，

$$F(x) + C = \int f(x)\,dx$$

のように表す場合もあります．この C を**積分定数**といいます．積分定数を加えるのは，ある関数に定数を加えても導関数は同じになるので，原始関数には定数分だけの不定性があるからです．

微分の公式から導ける不定積分について，いくつか見ていきましょう．

冪関数 $y = x^{n+1}/(n+1)$ $(n \neq -1)$ を微分すると $y' = x^n$ となります．したがって，x^n の原始関数は $x^{n+1}/(n+1)$ になりますので，

積分の公式 I

$$(1) \quad \int x^n\,dx = \frac{x^{n+1}}{n+1} + C \quad (n \neq -1)$$

となります．$n = -1$ の場合は微分において $(\log x)' = 1/x$ $(x > 0)$ が成り立ちましたから，$\displaystyle\int \frac{1}{x}\,dx = \log x + C$ となります．より正確には，$x < 0$ の場合は，$t = -x$ として合成関数の微分法を考えれば，$(\log(-x))' = -1/(-x) = 1/x$ となるので，同じ導関数が得られます．この結果も合わせると，

積分の公式 II

$$(2) \quad \int \frac{1}{x}\,dx = \log|x| + C$$

となります．

三角関数の微分は，$(\sin x)' = \cos x$，$(\cos x)' = -\sin x$，$(\tan x)' = 1/\cos^2 x$ だったので，

積分の公式 III

$$(3) \quad \int \sin x\,dx = -\cos x + C,$$

$$(4) \quad \int \cos x\,dx = \sin x + C,$$

$$(5) \quad \int \frac{1}{\cos^2 x}\,dx = \tan x + C$$

となります.となります．（$\tan x$ の不定積分については 12.3 節で見ます）．

最後に，$(e^x)' = e^x$ より

積分の公式 IV

$$(6) \quad \int e^x\,dx = e^x + C$$

となります（$\log x$ の不定積分については12.4節で見ます）.

例題 12.1　次の不定積分を求めよ.

(1) $\displaystyle\int 2x\,dx$　　(2) $\displaystyle\int (\sin x + e^x)\,dx$

解答　(1) $(x^2)' = 2x$ であるから

$$\int 2x\,dx = x^2 + C$$

となる.

(2) $(-\cos x + e^x)' = -(\cos x)' + (e^x)' = -(-\sin x) + e^x = \sin x + e^x$ であるから

$$\int (\sin x + e^x)\,dx = -\cos x + e^x + C$$

となる.　■

この例題からわかる通り，第11章11.2節の性質 (2)，(3) に相当する性質が不定積分でも成り立ちます．すなわち

不定積分の性質

(1) $\displaystyle\int cf(x)\,dx = c\int f(x)\,dx$

(2) $\displaystyle\int \{f(x) \pm g(x)\}\,dx = \int f(x)\,dx \pm \int g(x)\,dx$

が成り立ちます.

12.2　定積分の計算 II

不定積分がわかると，逆に定積分が計算できます．それは次のように考えます.

区間 $[\alpha, \beta]$ 上の関数 $y = f(x)$ の定積分は第11章11.2節の定積分の性質 (1) と不定積分を用いると次のように分解できます.

$$\int_\alpha^\beta f(t)\,dt = \int_a^\beta f(t)\,dt - \int_a^\alpha f(t)\,dt$$
$$= F(\beta) - F(\alpha)$$

この式の第3辺を，$F(\beta) - F(\alpha) = [F(x)]_\alpha^\beta$ と表すことにし，文字 α，β を文字 a，b で置きなおして

定積分と不定積分の関係

$$\int_a^b f(x)\,dx = [F(x)]_a^b = F(b) - F(a)$$

となります．この式は定積分の計算方法も示しています．$y = f(x)$ の不定積分が既知であるなら，不定積分の式に定積分の区間の両端の値を代入して差を取ったものが定積分の値となります．このような場合は不定積分の計算は非常に簡単になります．

例題 12.2　$y = x^3 - 2x + 1$ の区間 $[1, 2]$ 上の定積分を計算せよ．

解答

$$\begin{aligned}\int_1^2 (x^3 - 2x + 1)\,dx &= \left[\frac{x^4}{4} - x^2 + x\right]_1^2 \\ &= \left(\frac{2^4}{4} - 2^2 + 2\right) - \left(\frac{1^4}{4} - 1^2 + 1\right) \\ &= \frac{7}{4}\end{aligned}$$

しかし，一般に不定積分を求めることは微分することに比べはるかに困難で，初等関数で表せる関数であっても，不定積分が求まるとは限らないことを注意しておきます．

12.3　置換積分

ここでは，置換積分と呼ばれる積分の計算法を紹介します．

第 8 章 8.4 節の合成関数の微分を見てください．関数の記号を少し変えて，独立変数も t として

$$(F(\varphi(t)))' = f(\varphi(t))\varphi'(t)$$

とします．ただし F は f の原始関数です．この両辺を変数 t の区間 $[\alpha, \beta]$ 上で定積分すると，左辺は導関数の定積分ですからカッコ内の関数ですぐに表せ，

$$F(\varphi(\beta)) - F(\varphi(\alpha)) = \int_\alpha^\beta f(\varphi(t))\varphi'(t)\,dt$$

となります．ここで，変数の置き換えで $x = \varphi(t)$ として，$a = \varphi(\alpha)$，$b = \varphi(\beta)$ とおくと，前節の結果から上式の左辺は

$$F(b) - F(a) = \int_a^b f(x)\,dx$$

となるので，これらをあわせて

定積分の置換積分

$$\int_a^b f(x)\,dx = \int_\alpha^\beta f(\varphi(t))\varphi'(t)\,dt \quad a = \varphi(\alpha),\ b = \varphi(\beta)$$

が成り立ちます．これは積分において変数を置き換えた場合の計算の変更の仕方を表す式で，これを**置換積分**といいます．両辺の定積分の積分区間が異なることに注意してください．これは不定積分の場合も同様な公式として成り立ちます．すなわち，

不定積分の置換積分

$$\int f(x)\,dx = \int f(\varphi(t))\varphi'(t)\,dt \quad x = \varphi(t)$$

が成り立ちます．両辺とも不定積分ですから積分定数は除いています．

置換積分の公式は次のように用いることができます．

例題 12.3　$y = \tan x$ の不定積分を求めよ．

解答　$x = \varphi(t) = \arccos t \ \ (t = \varphi^{-1}(x) = \cos x)$ とおく．
$(\varphi^{-1})'(x) = -\sin x$ より，$\varphi'(t) = -1/\sin x = -1/\sin(\arccos t)$ となる．
$\tan x = \sin x/\cos x$ なので，

$$f(\varphi(t))\varphi'(t) = \frac{\sin(\arccos t)}{\cos(\arccos t)} \times \frac{-1}{\sin(\arccos t)} = -\frac{1}{\cos(\arccos t)} = -\frac{1}{t}$$

となる．したがって，置換積分の公式より

$$\int \tan x\,dx = \int -\frac{1}{t}\,dt = -\log|t| + C = -\log|\cos x| + C$$

となる．

注意　例題の計算は，通常 $t = \cos x$ より $dt = -\sin x\,dx$ として
$\tan x\,dx = \sin x\,dx/\cos x = -1/t\,dt$ という置換をします．

例題より

積分の公式 V

(7)　$$\int \tan x\,dx = -\log|\cos x| + C$$

となります．これが，$\tan x$ の不定積分です．

例題 12.4　次の不定積分を置換積分で計算せよ．

$$\int xe^{x^2}\,dx$$

解答　$t = x^2$ とおくと，$dt = 2x\,dx$ となる．これより $xe^{x^2}\,dx = \dfrac{1}{2}e^t\,dt$ と置き換えられるので，

$$\int xe^{x^2}\,dx = \int \frac{1}{2}e^t\,dt = \frac{1}{2}e^t + C = \frac{1}{2}e^{x^2} + C$$

となる．

解説　この例題は置換積分の公式を逆に適用したものとみることができる．変数が公式とは逆になっているが，$f(t)=e^t$，$t=\varphi(x)=x^2$ としてみると $x=\varphi'(x)/2$ となるので，与式に 2 をかければそのまま公式に当てはめられる．

12.4　部分積分法

積の微分公式からも積分に関する公式が導けます．ここでは，**部分積分**といわれる積分法について見ていきます．

第 7 章 7.2 節の微分の性質 (3) は

$$(f(x)g(x))' = f'(x)g(x) + f(x)g'(x)$$

でした．この両辺の不定積分を考えると，左辺はカッコ内の関数に戻るので

$$\begin{aligned} f(x)g(x) + C &= \int (f'(x)g(x) + f(x)g'(x))\,dx \\ &= \int f'(x)g(x)\,dx + \int f(x)g'(x)\,dx \end{aligned}$$

とります．ただし，下の式に移るとき，12.1 節の性質 (2) を用いています．中の辺を抜いて右辺第 1 項を左辺に移項して，両辺を入れかえると，両辺とも不定積分があるので積分定数を消して，

不定積分の部分積分

$$\int f(x)g'(x)\,dx = f(x)g(x) - \int f'(x)g(x)\,dx$$

とります．これを不定積分に関する部分積分法といいます．積分を定積分で行えば，

定積分の部分積分

$$\int_a^b f(x)g'(x)\,dx = [f(x)g(x)]_a^b - \int_a^b f'(x)g(x)\,dx$$

という性質が出てきます．

部分積分法は次のように用いることができます．

例題 12.5　$y=\log x$ の不定積分を求めよ．

解答　$\log x = 1 \times \log x = (x)' \log x$ とみると $f(x)=\log x$，$g(x)=x$ として公式に当てはめることができ

$$\begin{aligned} \int \log x\,dx &= \int (x)' \log x\,dx \\ &= x\log x - \int x(\log x)'\,dx \end{aligned}$$

$$= x\log x - \int x(1/x)\,dx$$

$$= x\log x - \int dx$$

$$= x\log x - x + C$$

▮

例題の式変形で第1式から第2式へ移る際に，部分積分法を用いています．第4式の $\int dx$ とは $\int 1\,dx$ のことで，通常このように略記します．最初と最後だけを残すと

積分の公式 VI

(8)　$\int \log x\,dx = x\log x - x + C$

となります．これが $\log x$ の不定積分です．

例題 12.6　関数 $\sin mx\cos nx$ を区間 $[-\pi, \pi]$ で定積分せよ．

解答　$K_{m,n} = \int_{-\pi}^{\pi} \sin mx\cos nx\,dx$ とおく．右辺に部分積分を2回適用すると

$$K_{m,n} = \left[\frac{1}{n}\sin mx\sin nx\right]_{-\pi}^{\pi} - \frac{m}{n}\int_{-\pi}^{\pi}\cos mx\sin nx\,dx$$

$$= \left[\frac{m}{n^2}\cos mx\cos nx\right]_{-\pi}^{\pi} + \frac{m^2}{n^2}\int_{-\pi}^{\pi}\sin mx\cos nx\,dx = \frac{m^2}{n^2}K_{m,n}$$

となる．$m = n$ のときは，1回目の部分積分の両辺を比べて $K_{n,n} = -K_{n,n}$ となるので積分値は0である．$m \neq n$ のときは，上式の両端を比べて $K_{m,n} = 0$ となる．したがって，m, n によらず

$$K_{m,n} = \int_{-\pi}^{\pi}\sin mx\cos nx\,dx = 0$$

である．

▮

注意　例題の計算は，三角関数の積和公式を用いることもできます．

上の例題と同様にして，

$$I_{m,n} = \int_{-\pi}^{\pi}\sin mx\sin nx\,dx = \begin{cases} 0 & (m \neq n) \\ \pi & (m = n) \end{cases}$$

$$J_{m,n} = \int_{-\pi}^{\pi}\cos mx\cos nx\,dx = \begin{cases} 0 & (m \neq n) \\ \pi & (m = n) \end{cases}$$

も示すことができます.

第 12 章　練習問題

1. 次の不定積分を求めよ.

(1) $\displaystyle\int x\,dx$　　(2) $\displaystyle\int (x^3+2x^2+1)\,dx$

(3) $\displaystyle\int \sqrt{x}\,dx$　　(4) $\displaystyle\int \left(\sqrt{x}-\frac{1}{\sqrt{x}}\right)^3 dx$

2. 次の定積分を求めよ.

(1) $\displaystyle\int_{\frac{\pi}{6}}^{\frac{\pi}{3}} \sin x\,dx$　　(2) $\displaystyle\int_{-2}^{2} (x^3+2x^2+3x+4)\,dx$

(3) $\displaystyle\int_1^e \frac{1}{x}\,dx$　　(4) $\displaystyle\int_1^2 \sqrt[3]{x}\,dx$

(5) $\displaystyle\int_0^2 e^x\,dx$　　(6) $\displaystyle\int_{\frac{\pi}{4}}^{\frac{\pi}{3}} \cos x\,dx$

(7) $\displaystyle\int_1^2 \frac{(3x-2)^3}{\sqrt{x}}\,dx$

3. 次の図形の面積を求めよ.

(1)　曲線 $y=\cos x$　$\left(-\dfrac{\pi}{2}\leq x\leq\dfrac{\pi}{2}\right)$ と x 軸とで囲まれた図形.

(2)　曲線 $y=\sqrt{x}$ および 2 直線 $x=4,\ y=0$ で囲まれた図形.

(3)　2 曲線 $y=\sin x,\ y=\cos x$ と，2 直線 $x=0,\ x=\pi$ とで囲まれた図形.

4. 次の各問に答えよ.

(1)　次の等式をみたす θ を求めよ．ただし，$0<\theta<2\pi$ とする.

$$\frac{1}{2\pi}\int_0^{2\pi} \sin^2\frac{x}{2}\,dx=\sin^2\frac{\theta}{2}$$

(2)　$\cosh x=\dfrac{e^x+e^{-x}}{2}$，$\sinh x=\dfrac{e^x-e^{-x}}{2}$ とするとき次の等式を証明せよ.

$$\int \cosh x\,dx=\sinh x+C,\quad \int \sinh x\,dx=\cosh x+C$$

5. 次の不定積分を置換積分法で求めよ.

(1) $\displaystyle\int \cos 2x\,dx$　(2) $\displaystyle\int (2x-3)^4\,dx$

(3) $\displaystyle\int \frac{dx}{1+x^2}$　(4) $\displaystyle\int \frac{2x}{\sqrt{x^2+2}}\,dx$

6. 次の定積分を置換積分法で求めよ．

(1) $\displaystyle\int_1^e \frac{(\log x)^2}{x}\,dx$　(2) $\displaystyle\int_0^1 \sin^{-1} x\,dx$

7. 次の不定積分を部分積分法で求めよ．（ヒント：(2) は $f(x)=\log x$ として公式に当てはめよ）

(1) $\displaystyle\int xe^x\,dx$　(2) $\displaystyle\int x\log x\,dx$

8. 次の定積分を部分積分法で求めよ．

(1) $\displaystyle\int_0^{\log 2} xe^x\,dx$　(2) $\displaystyle\int_0^{\frac{\pi}{2}} e^x \sin x\,dx$

13 テイラー展開 II

この章では，第 10 章に続き，微積分を利用して具体的な関数のテイラー展開を求めていきます．ある関数をテイラー展開し，その両辺を微分または積分することによって，新たなテイラー展開を求めることができます．本書では，項別微分の可能性についての考察はしません．項別微分や項別積分といった計算は常にできるわけではないことに注意しましょう．

13.1 項別の計算

この章で現れるテイラー展開の等号は，全て**収束半径**内で成り立つものです．収束半径については詳しく述べませんが，テイラー展開の係数から決まるある値 R のことで，区間 $(a-R, a+R)$ 内でテイラー展開の式の等号が成り立っているということです．

ある関数 $f(x)$ のテイラー展開と，その原始関数 $F(x)$ のテイラー展開については，次の事実が成り立っています．すなわち，それぞれのテイラー展開を

$$f(x) = a_0 + a_1(x-a) + \cdots + a_n(x-a)^n + \cdots$$

$$F(x) = b_0 + b_1(x-a) + \cdots + b_n(x-a)^n + \cdots$$

としたとき，対応する項ごとに

$$\left(b_{n+1}(x-a)^{n+1}\right)' = a_n(x-a)^n \quad (n=0,\ 1,\ 2, \ldots)$$

が成り立っています．つまり，原始関数 $F(x)$ のテイラー展開の右辺を各項ごとに微分したものが $f(x)$ のテイラー展開の項となります．これを**項別微分**といいます．このことは逆に，

$$\int a_n(x-a)^n\,dx = b_{n+1}(x-a)^{n+1} + C \quad (n=0,\ 1,\ 2, \ldots)$$

のように，$f(x)$ のテイラー展開の各項の不定積分が原始関数 $F(x)$ のテイラー展開の項になることも意味しています．これを**項別積分**といいます．したがって，ある関数 $f(x)$ のテイラー展開を求めるのに，導関数 $f'(x)$ のテイラー展開を求めてから，それを項別に不定積分することで求めることができます．

13.2 逆三角関数の微分

ここでは，第 8 章 8.1 節の三角関数の微分および同じく 8.4 節の逆関数の微分を用いて，逆三角関数の微分を計算してみましょう．

まず，$\arcsin x$ の微分です．$\arcsin x$ は $\sin x$ の逆関数なので，

$$(\arcsin x)' = \frac{1}{\cos(\arcsin x)} = \frac{1}{\sqrt{1-\sin^2(\arcsin x)}} = \frac{1}{\sqrt{1-x^2}}$$

となります．第2辺から第3辺へ移る際，$\cos x = \pm\sqrt{1-\sin^2 x}$ を用いていますが，$\arcsin x$ の値域は $[-1, 1]$ なので，$\cos(\arcsin x)$ の値は正になります．また，第3辺から第4辺へ移る際，逆関数との合成は必ず x になることを用いています．

次に，$\cos x$ の逆関数である $\arccos x$ の微分です．

$$(\arccos x)' = -\frac{1}{\sin(\arccos x)} = -\frac{1}{\sqrt{1-\cos^2(\arccos x)}} = -\frac{1}{\sqrt{1-x^2}}$$

となります．式変形の仕方は $\arcsin x$ の場合とほぼ同様ですが，$\arccos x$ の値域は $[0, \pi]$ なので，$\sin(\arccos x)$ の値は正になることを用いています．

両者を合わせると $(\arcsin x)' + (\arccos x)' = 0$ となりますが，これは，$\arcsin x + \arccos x$ が定数 $(\pi/2)$ であることの反映です．和が定数であることは第4章の図4.9で確認してください．

最後に，$\tan x$ の逆関数である $\arctan x$ の微分です．$(\tan x)' = 1 + \tan^2 x$ でしたから

$$(\arctan x)' = \frac{1}{1+\tan^2(\arctan x)} = \frac{1}{1+x^2}$$

と計算できます．以上より，逆三角関数の微分はすべて $(1 \pm x^2)^\alpha$ という形をしていることがわかりました．

逆三角関数の微分

(1)　$(\arcsin x)' = \dfrac{1}{\sqrt{1-x^2}}$

(2)　$(\arccos x)' = -\dfrac{1}{\sqrt{1-x^2}}$

(3)　$(\arctan x)' = \dfrac{1}{1+x^2}$

13.3　$(1+x)^\alpha$ のテイラー展開

ここでは，$f(x) = (1+x)^\alpha$ の $x = 0$ でのテイラー展開を考えます．

α が自然数の場合は単なる多項式となるので，その場合を除いて考えます．

冪関数の微分では，微分するたびに冪が前にかかってきますから，

$$f^{(n)}(0) = \alpha(\alpha-1)(\alpha-2)\cdots(\alpha-n+1)$$

となります．これを $n!$ で割ったものが，テイラー展開の係数になるので，

$$\frac{\alpha(\alpha-1)(\alpha-2)\cdots(\alpha-n+1)}{n!} = \begin{pmatrix} \alpha \\ n \end{pmatrix}$$

と表すことにします．$n=0$ のときは右辺は 1 になるとします．この式は α が n 以上の自然数の場合は通常の組み合わせになります．

こうすると，$(1+x)^\alpha$ のテイラー展開は

$$(1+x)^\alpha = 1 + \alpha x + \alpha(\alpha-1)x^2/2 + \cdots = \sum_{n=0}^{\infty} \binom{\alpha}{n} x^n$$

となります．$1/\sqrt{1-x^2}$ のテイラー展開を求めるには上式で $\alpha = -1/2$ とし，さらに x を $-x^2$ で置き換えます．すると

$$\frac{1}{\sqrt{1-x^2}} = 1 + \frac{1}{2}x^2 + \frac{3}{8}x^4 + \frac{5}{16}x^6 + \cdots = \sum_{n=0}^{\infty} (-1)^n \binom{-1/2}{n} x^{2n} \quad (13.1)$$

となります．

また，$1/(1+x^2)$ は $\alpha = -1$ として，x を x^2 で置き換えます．すると

$$\frac{1}{1+x^2} = 1 - x^2 + x^4 - x^6 + \cdots = \sum_{n=0}^{\infty} (-1)^n x^{2n} \quad (13.2)$$

となります．これらは，逆三角関数の導関数のテイラー展開を表しています．

13.4 逆三角関数のテイラー展開

前節では，逆三角関数の導関数のテイラー展開が求まりました．また，13.1 節では，ある関数の導関数のテイラー展開を項別に積分すれば，その関数のテイラー展開が求まることをみました．以上のことから，逆三角関数のテイラー展開を求めてみましょう．

まず，$\arcsin x$ のテイラー展開ですが，$(\arcsin x)' = 1/\sqrt{1-x^2}$ であることから，(13.1) 式の右辺を項別に積分して，さらに，$\arcsin 0 = 0$ であることから積分定数 C も具体的に求まって，

$$\arcsin x = x + \frac{1}{6}x^3 + \frac{3}{40}x^5 + \frac{5}{112}x^7 + \cdots = \sum_{n=0}^{\infty} \frac{(-1)^n}{2n+1} \binom{-1/2}{n} x^{2n+1}$$

となります．

次に，$\arccos x$ のテイラー展開ですが，$(\arccos x)' = -1/\sqrt{1-x^2}$ であることから，同じく (13.1) 式の右辺を符号を変えて項別に積分し，さらに $\arccos 0 = \pi/2$ であることから

$$\arccos x = \frac{\pi}{2} - x - \frac{1}{6}x^3 - \frac{3}{40}x^5 - \cdots = \frac{\pi}{2} - \sum_{n=0}^{\infty} \frac{(-1)^n}{2n+1} \binom{-1/2}{n} x^{2n+1}$$

となります．

最後に，$\arctan x$ のテイラー展開ですが，$(\arctan x)' = 1/(1+x^2)$ であることから，(13.2) 式の右辺を項別に積分し，$\arctan 0 = 0$ であることから，

$$\arctan x = x - \frac{x^3}{3} + \frac{x^5}{5} - \frac{x^7}{7} + \cdots = \sum_{n=0}^{\infty} \frac{(-1)^n}{2n+1} x^{2n+1} \quad (13.3)$$

となります．

(13.3) 式を利用して，円周率 π の近似値の計算ができます．例えば，$\tan(\pi/4) = 1$ ですから，$\arctan 1 = \pi/4$ です．したがって，(13.3) 式に $x = 1$ を代入すると

$$\frac{\pi}{4} = 1 - \frac{1}{3} + \frac{1}{5} - \frac{1}{7} + \cdots$$

となります．右辺を適当なところで打ち切って，それを 4 倍すれば，π の近似値がでてきます．例えば

$$4(1 - 1/3 + 1/5 - 1/7 + 1/9 - 1/11 + 1/13 - 1/15 + 1/17 - 1/19) = 3.0418\cdots$$

となります．この計算では収束が非常に遅いので，実際にはもっと収束の速い式を用います．

第13章　練習問題

1. 次の問いに答えよ．

(1)　関数 $\log \dfrac{1+x}{1-x}$　$(|x| < 1)$ の導関数を求めよ．

(2)　(1) で求めた導関数の $x = 0$ でのテイラー展開を求めよ．

(3)　(2) を項別積分して，$\log \dfrac{1+x}{1-x}(|x| < 1)$ のテイラー展開を求めよ．

(4)　(3) のテイラー展開の x^7 の項までの式を用いて $\log 3$ の近似値を計算せよ．

A　集合と写像

A.1　集合とは

いくつかの物（数学的対象）を一まとまりとして捉えたとき，その一まとまりを**集合**といいます．集合として集まったそれらの物を「集合の**要素**（または元）」であるといいます．集合は，$\{1, 2, 3\}$ のように，その集合の要素を中括弧 $\{\ \ \}$ で囲み，要素同士はカンマ，で分けて表します．また，$\{x \mid x$ は 1 以上，100 以下の自然数$\}$ のように変数を用い，その変数が満たす条件を使って表すことがあります．

集合 A に対し，ある物 a がその集合の要素であるとき $a \in A$ と表し，a は集合 A に属す，または集合 A は a を含むといいます．その集合の要素でないとき $a \notin A$ と表します．

2 つの集合 A, B において，集合 A の要素は必ず集合 B の要素でもあるとき，集合 A を集合 B の**部分集合**といい，$A \subset B$（あるいは $B \supset A$）と表します．$A \subset B$ で，集合 B の要素で集合 A に属さない物があるとき，集合 A を集合 B の**真部分集合**といいます．2 つの集合 A, B において，$A \subset B$ と $A \supset B$ の両方が成り立つとき，$A = B$ と表します．$A = B$ でないとき，$A \neq B$ と表します．

要素を 1 つも含まない集合というものを考えこれを**空集合**といい，$\emptyset$ と表します．空集合 $\emptyset$ はあらゆる集合の部分集合です．

A.2　集合の演算

集合から，もしくは 2 つの集合から新しい集合を作ることを集合の演算といいます．

和集合　2 つの集合 A, B に対し，どちらか少なくとも一方に属す要素全体の集合を，集合 A と集合 B の**和集合**（合併集合・結び）といい，$A \cup B$ と表します．$A \subset B$ ならば $A \cup B = B$ が成り立ちます．

共通部分　2 つの集合 A, B に対し，両方の集合に属す要素全体の集合を，集合 A と集合 B の**共通部分**（交わり）といい，$A \cap B$ と表します．$A \subset B$ ならば $A \cap B = A$ が成り立ちます．

2 つの集合 A, B に対し，共通部分が空集合のとき，すなわち，$A \cap B = \emptyset$ のとき集合 A と集合 B は**互いに素**であるといいます．

和集合と共通部分については，次の 3 つの性質が成り立ちます．

1. 交換律
   (1) $A \cup B = B \cup A$
   (2) $A \cap B = B \cap A$
2. 結合律
   (1) $(A \cup B) \cup C = A \cup (B \cup C)$
   (2) $(A \cap B) \cap C = A \cap (B \cap C)$
3. 分配律
   (1) $(A \cup B) \cap C = (A \cap C) \cup (B \cap C)$
   (2) $(A \cap B) \cup C = (A \cup C) \cap (B \cup C)$

注意　$\cup$ と $\cap$ は対称性を持っています．すなわち，元の式が正しければ，記号を入れ替えたものも正しい式になります．

差集合　2 つの集合 A, B に対し，集合 A に属し集合 B には属さない要素全体の集合を，集合 A と集合 B の**差集合**といい，$A \setminus B$ と表します．

考えている領域が限定されているとき，**全体集合**という集合を決めておきます．全体集合を一般的に扱う場合には記号 Ω（オメガ）や U を用います．

集合 A に対し，全体集合 Ω との差集合 $(\Omega \setminus A)$ を集合 A の**補集合**（余集合）といい，A^c と表します．$\Omega^c = \emptyset$, $\emptyset^c = \Omega$ です．

補集合と，和集合・共通部分については次の性質が成り立ちます．

ド・モルガンの法則

(1) $(A \cap B)^c = A^c \cup B^c$

(2) $(A \cup B)^c = A^c \cap B^c$

直積集合　2 つの集合 A, B に対し $a \in A$ と $b \in B$ の順序をこめた対 (a, b) を考え，これを全て集めたものを A, B の**直積集合**といい $A \times B$ と表します．条件を用いて表すと

$$A \times B = \{(a, b) \mid a \in A,\ b \in B\}$$

となります．$A = B$ のときは，$A \times A$ を A^2 とも表します．

例　実数全体 $\boldsymbol{R}$（第 1 章 1.1 節を参照）に対し，直積集合 $\boldsymbol{R} \times \boldsymbol{R}$ を $\boldsymbol{R}^2$ と表す．$\boldsymbol{R}^2$ は平面全体の点の集合とみなされる．この直積集合 $\boldsymbol{R}^2$ に様々な演算や，距離などの概念が付加されていき，いろいろな数学的対象ができる．第 1 章第 1.4 節のガウス平面もその 1 種である．さらに $\boldsymbol{R} \times \boldsymbol{R} \times \boldsymbol{R} = \boldsymbol{R}^3$ などとなる．

A.3 写像

2つの集合 X, Y に対し，各 $x \in X$ にそれぞれ1つの $y \in Y$ が決まる規則があるとします．このとき，この規則を集合 X から Y への**写像**といいます．写像を φ としたとき，$y = \varphi(x)$ と表します．X を写像の**始集合**，Y を**終集合**といいます．$X = Y$ のときは，X 上の写像といいます．

x_1, $x_2 \in X$ に対し，$x_1 \neq x_2 \Rightarrow \varphi(x_1) \neq \varphi(x_2)$ が常に成り立つとき，φ を**単射**といいます．X の部分集合 A に対し，$\varphi(A) := \{y \in Y \,|\, y = \varphi(x),\ x \in A\}$ とし，φ による A の**像**といいます．φ が単射のとき，$y \in \varphi(X)$ に対し，$\varphi(x) = y$ となる $x \in X$ がただ一つ存在します．$y \in \varphi(x)$ から $x \in X$ へのこの写像を φ の逆写像といい，$x = \varphi^{-1}(y)$ と表します．

$\varphi(X) = Y$ のとき，φ を**全射**といいます．φ が全射かつ単射であるとき，**全単射**といいます．全単射の場合，φ^{-1} は Y から X への写像になります．

Y の部分集合 B に対し，$\varphi^{-1}(B) := \{x \in X \,|\, \varphi(x) = y,\ y \in B\}$ とし，φ による B の**原像**といいます．

注意　逆写像と原像は同じ記号を用いていますが，意味は違います．ただし φ が単射のときは，逆写像の意味で $x = \varphi^{-1}(y)$ なら原像の意味で $\{x\} = \varphi^{-1}(\{y\})$ となります．

3つの集合 X, Y, Z に対し，X から Y への写像 φ と Y から Z への写像 ψ があるとします．φ によって $x \in X$ が $y = \varphi(x) \in Y$ に対応し，ψ によって $y \in Y$ が $z = \psi(y) \in Z$ が対応したとすると，これにより $x \in X$ から $z \in Z$ への写像が定められます．これを φ と ψ の**合成写像**といい，$\psi \circ \varphi$ と表します．$(\psi \circ \varphi)(x) = \psi(\varphi(x))$ となります．φ が集合 X から集合 Y への単射の場合，φ と φ^{-1} の合成 $\varphi^{-1}(\varphi(x)) = x$ となります．このように必ず同じ要素に対応させる X 上の写像を**恒等写像**といい I を用いて表します．すなわち，$\varphi^{-1} \circ \varphi = I$ となります．またこのとき，$\varphi \circ \varphi^{-1}$ は，$\varphi(X)$ 上の恒等写像となります．

B　命題と論理

B.1　命題とは

正しいか正しくないかが客観的に判断できる主張を**命題**といいます．ある命題において，それが正しいとき命題は**真**（true）であるといい，正しくないとき**偽**（false）であるといいます．また，命題が真であるときを 1（または T）とし，命題が偽であるときを 0（または F）としたものを命題の**真理値**といいます．具体的な命題の真偽ではなく，命題同士の関係を真理値のみに着目して研究する学問分野を記号論理学といいます．

以下，命題を表すのにアルファベットの小文字を用います．

1 つの命題 p においては，真理値は 0 か 1 のどちらかです．それを**真理表**と呼ばれる表にすると次のようになります．

p
1
0

2 つの命題 p，q においては，真理値の組み合わせは 4 通りあります．それを真理表にすると次のようになります．

p	q
1	1
1	0
0	1
0	0

n 個の命題においては，真理値の組み合わせは 2^n 通りあります．

B.2　命題の演算

命題には，以下のような演算があります．

命題の否定 (NOT)

命題 p に対し，『p でない』という命題を p の**否定**（否定命題）といいます．命題 p の否定を $\overline{p}$ と表します．命題 p の真理値が 1 のとき命題 $\overline{p}$ の真理値は 0，命題 p の真理値は 0 のとき命題 $\overline{p}$ の真理値は 1 です．このことを**排中律**といいます．これを真理表にすると次のようになります．

p	$\overline{p}$
1	0
0	1

排中律より，$\overline{p}$ が偽なら，p は真となります．この事実を利用した証明法を**背理法**といいます．

論理積 (AND)

2 つの命題 p, q に対し『p であり，かつ，q である（p も q もどちらも正しい）』という命題を p と q の**論理積**といい，$p \wedge q$ と表します．$p \wedge q$ の真理値が 1 となるのは，p, q の真理値がどちらも 1 のときで，それ以外の場合は真理値が 0 になるとします．したがって，真理表は次のようになります．

p	q	$p \wedge q$
1	1	1
1	0	0
0	1	0
0	0	0

論理和 (OR)

2 つの命題 p, q に対し『p であるか，または，q である（p と q の少なくとも一方が正しい）』という命題を p と q の**論理和**といい，$p \vee q$ と表します．$p \vee q$ の真理値が 0 となるのは，p, q の真理値がどちらも 0 のときで，それ以外の場合は真理値が 1 になるとします．したがって，真理表は次のようになります．

p	q	$p \vee q$
1	1	1
1	0	1
0	1	1
0	0	0

同値

2 つの命題 p, q においてその真理値が一致するとき，p と q は**同値**であるといい，$p \equiv q$ と表します．

論理積・論理和において，次の 3 つの性質が成り立ちます．

1. 交換律
   (1) $p \wedge q \equiv q \wedge p$
   (2) $p \vee q \equiv q \vee p$
2. 結合律
   (1) $(p \wedge q) \wedge r \equiv p \wedge (q \wedge r)$
   (2) $(p \vee q) \vee r \equiv p \vee (q \vee r)$
3. 分配律
   (1) $(p \wedge q) \vee r \equiv (p \vee q) \wedge (q \vee r)$
   (2) $(p \vee q) \wedge r \equiv (p \wedge q) \vee (q \wedge r)$

分配律の (1) を真理表にしてみると次のようになります．この表の 5 列目と 8 列目の真理値が一致していることから，同値であることが確認できます．

p	q	$p \wedge q$	r	$(p \wedge q) \vee r$	$p \vee r$	$q \vee r$	$(p \vee r) \wedge (q \vee r)$
1	1	1	1	1	1	1	1
1	0	0	1	1	1	1	1
0	1	0	1	1	1	1	1
0	0	0	1	1	1	1	1
1	1	1	0	1	1	1	1
1	0	0	0	0	1	0	0
0	1	0	0	0	0	1	0
0	0	0	0	0	0	0	0

他の同値関係は自分で確認してみましょう．

また，次の同値関係を集合と同じようにド・モルガンの法則といいます．

ド・モルガンの法則

(1)　$\overline{p \wedge q} \equiv \overline{p} \vee \overline{q}$

(2)　$\overline{p \vee q} \equiv \overline{p} \wedge \overline{q}$

条件命題

2 つの命題に対し，$\overline{p} \vee q$ を**条件命題**『p ならば q』といい，$p \to q$ とも表します．条件命題の真理表は次のようになります．

p	q	$\overline{p}$	$p \to q$
1	1	0	1
1	0	0	0
0	1	1	1
0	0	1	1

上の表より，$p \to q$ が偽となるのは，p が真で q が偽のときのみです．また，p が偽のときは，条件命題は常に真になっています．したがって，条件命題が真であることは q が真であることを意味しません．

条件命題の否定 $\overline{p \to q}$ はド・モルガンの法則を用いれば，

$$\overline{p \to q} \equiv \overline{\overline{p} \vee q} \equiv \overline{\overline{p}} \wedge \overline{q} \equiv p \wedge \overline{q}$$

となります．したがって，『p ならば q，でない』は『p であり，かつ，q でない』と同値になります．したがって，『p であり，かつ，q でない』が偽なら『p ならば q』は真となります．これも背理法です．

2 つの命題 p, q において，条件命題 $p \to q$ に対し，条件命題 $\overline{q} \to \overline{p}$ を**対偶**といいます．この 2 つの条件命題は同値になります．対偶が同値であることを示す真理表は次のようになります．

p	q	$p \to q$	$\overline{q}$	$\overline{p}$	$\overline{q} \to \overline{p}$
1	1	1	0	0	1
1	0	0	1	0	0
0	1	1	0	1	1
0	0	1	1	1	1

この表の3列目と6列目から，対偶が同値であることが確認できます．

条件命題『p ならば q』が真であるとき，$p \Rightarrow q$ と表します．

上の表で p, q を入れ替えて見ると，『p ならば q, かつ, q ならば p』が真であるのは，p, q の真理値が一致しているときに限られることがわかります．すなわち $(p \Rightarrow q) \wedge (q \Rightarrow p)$ のとき，かつ，そのときに限って $p \equiv q$ となります．$p \equiv q$ を $p \Leftrightarrow q$ とも表します．

B.3　命題関数

変数を含んだ命題を**命題関数**といいます．ただし，変数の定義域は数とは限りません．命題関数を記号で表す場合，$p(x)$ のように表します．変数が複数ある場合は，$p(x_1, x_2, \ldots, x_n)$ のように表します．命題関数 $p(x)$ の否定命題『$p(x)$ でない』は $\overline{p(x)}$ と表します．

命題関数 $p(x)$ が真になる変数 x の集合を P と表すことにします．このとき，$P = \{x \,|\, p(x)\}$ となります．これは，付録A A.1節のところで出てきた，集合を条件を用いて表す方法そのものです．

集合の演算と命題関数の演算には次のような関係があります．

(1)　$P \cap Q = \{x \,|\, p(x)\} \cap \{x \,|\, q(x)\} = \{x \,|\, p(x) \wedge q(x)\}$

(2)　$P \cup Q = \{x \,|\, p(x)\} \cup \{x \,|\, q(x)\} = \{x \,|\, p(x) \vee q(x)\}$

(3)　$P^{\mathrm{c}} = \{x \,|\, \overline{p(x)}\}$

ただし，(3) で全体集合 Ω は適当に決めておくこととします．

全称命題・存在命題

ある集合 $A \subset X$ とある命題関数 $p(x)$ に対し，『すべての $x \in A$ は，$p(x)$ である』という命題を**全称命題**といいます．全称命題『すべての $x \in A$ は，$p(x)$ である』は

$$(\forall x \in A)p(x)$$

と表します．

全称命題 $(\forall x \in A)p(x)$ は条件命題を用いて $x \in A \to p(x)$ と書き換えることができます．さらに，条件命題 $x \in A \to p(x)$ は集合を用いて『$A \subset P$』（A は P の部分集合であるという命題）と書き換えることができます．すなわち，

$$(\forall x \in A)p(x) \Longleftrightarrow x \in A \to p(x) \Longleftrightarrow \text{『}A \subset P\text{』}$$

となります．

共通の変数 $x \in X$ を持つ2つの命題関数 $p(x)$, $q(x)$ に対し，条件命題 $p(x) \to q(x)$ が真であるとき，すなわち $(\forall x \in X)p(x) \Rightarrow q(x)$ のとき，$q(x)$ を $p(x)$ であるため

の**必要条件**といい，逆に，$p(x)$ を $q(x)$ であるための**十分条件**であるといいます．この関係を集合で見ると $P \subset Q$（『$P \subset Q$』は真）となります．$P = Q$ は $P \subset Q$ かつ $Q \subset P$ のことなので，$p(x) \Leftrightarrow q(x)$ を意味します．このとき $q(x)$ は $p(x)$ の（あるいは $p(x)$ は $q(x)$ の）**必要十分条件**であるといいます．

ある集合 $A \subset X$ とある命題関数 $p(x)$ に対し，『ある $x \in A$ は，$p(x)$ である（$p(x)$ である $x \in A$ は存在する）』という命題を**存在命題**といいます．存在命題『ある $x \in A$ は，$p(x)$ である』は

$$(\exists x \in A)p(x)$$

と表します．

存在命題 $(\exists x \in A)p(x)$ は集合を用いて『$A \cap P \neq \emptyset$』と書き換えることができます．すなわち

$$(\exists x \in A)p(x) \Longleftrightarrow \text{『}A \cap P \neq \emptyset\text{』}$$

となります．

全称命題 $(\forall x \in A)p(x)$ の否定命題は存在命題 $(\exists x \in A)\overline{p(x)}$ となります．このことを集合を使って考えてみましょう．補集合は X に対してとることとします．

$$\begin{aligned}\overline{(\forall x \in A)p(x)} &\Leftrightarrow \overline{\text{『}A \subset P\text{』}} \\ &\Leftrightarrow \overline{\text{『}A \cap P^c = \emptyset\text{』}} \\ &\Leftrightarrow \text{『}A \cap P^c \neq \emptyset\text{』} \\ &\Leftrightarrow (\exists x \in A)\overline{p(x)}\end{aligned}$$

となります．

2 つの変数 $x \in X$, $y \in Y$ を持つ命題関数 $p(x, y)$ を考えます．$p(x, y)$ が真になる集合 P は直積集合 $X \times Y$ の部分集合です．$P_x(y) = \{x \,|\, p(x, y)\}$ とおくと $P_x(y)$ は y によって変化する X の部分集合になります．同様に $P_y(x) = \{y \,|\, p(x, y)\}$ とおくと $P_y(x)$ は x によって変化する Y の部分集合になります．

$A \subset X$ に対し，全称命題 $(\forall x \in A)p(x, y)$ は『$A \subset P_x(y)$』と書き換えられ，存在命題 $(\exists x \in A)p(x, y)$ は『$A \cap P_x(y) \neq \emptyset$』と書き換えられます．これを利用して，$\forall$ と $\exists$ が重なった命題の関係は次のように示せます．$\forall$ 同士，$\exists$ 同士は順序交換可能ですが，$\forall$ と $\exists$ は順序交換できません．

$$\begin{aligned}(1)\ (\forall x \in A)(\forall y \in B)p(x, y) &\Longleftrightarrow (\forall x \in A)\text{『}B \subset P_y(x)\text{』} \\ &\Longleftrightarrow \text{『}B \subset \bigcap_{x \in A} P_y(x)\text{』} \\ &\Longleftrightarrow \text{『}A \times B \subset P\text{』} \\ &\Longleftrightarrow (\forall y \in B)(\forall x \in A)p(x, y)\end{aligned}$$

$$(2)\ (\forall x \in A)(\exists y \in B)p(x, y) \Longleftrightarrow (\forall x \in A)\text{『}B \cap P_y(x) \neq \emptyset\text{』}$$

$$\iff 『B \cap \bigcap_{x \in A} P_y(x) \neq \emptyset』$$

$$(3)\ (\exists x \in A)(\forall y \in B)p(x,y) \iff (\exists x \in A)\,『B \subset P_y(x)』$$

$$\iff 『A \cap \{x | B \subset P_y(x)\} \neq \emptyset』$$

$$(4)\ (\exists x \in A)(\exists y \in B)p(x,y) \iff (\exists x \in A)\,『B \cap P_y(x) \neq \emptyset』$$

$$\iff 『B \cap \bigcup_{x \in A} P_y(x) \neq \emptyset』$$

$$\iff 『(A \times B) \cap P \neq \emptyset』$$

$$\iff (\exists y \in B)(\exists x \in A)p(x,y)$$

となります．

例　『関数 $y = f(x)$ が $x = a$ で α に収束する．』ことは，**$\boldsymbol{\varepsilon - \delta}$ 論法**を使うと『任意の $\varepsilon > 0$ に対し，ある $\delta > 0$ が存在し，$0 < |x-a| < \delta \Longrightarrow |f(x) - \alpha| < \varepsilon$ である．』すなわち

$$(\forall \varepsilon > 0)(\exists \delta > 0)\,『0 < |x-a| < \delta \Longrightarrow |f(x) - \alpha| < \varepsilon』$$

となる．とくに，$f(a) = \alpha$ であるとき，$f(x)$ が $x = a$ で連続であることを意味する．これは，

$$(\forall \varepsilon > 0)(\exists \delta > 0)\,『|x-a| < \delta \Longrightarrow |f(x) - f(a)| < \varepsilon』$$

となる．関数が区間 I で連続であることは，

$$(\forall x \in I)(\forall \varepsilon > 0)(\exists \delta > 0)\,『|x-a| < \delta \Longrightarrow |f(x) - f(a)| < \varepsilon』$$

となる．$(\forall x \in I)$ と $(\forall \varepsilon > 0)$ は順序交換できるが，$(\forall x \in I)$ と $(\exists \delta > 0)$ を順序交換すると一様連続性というより強い性質を意味することになる．

練習問題解答

第 1 章 練習問題解答

1. (1) $4a^2+b^2+9c^2+2(-2ab-3bc+6ca)$ (2) $2x^3+x^2y-17xy^2+5y^3$
(3) $27a^3-54a^2b+36ab^2-8b^3$ (4) $x^7+x^5+x^4+x^3+x^2+1$

2. (1) $a=10,\ b=11,\ c=3$ (2) $a=-5,\ b=4,\ c=5$

3. (1) $(2x+3)(3x-2)$ (2) $(x-3y+1)(x+2y+1)$
(3) $(a-b)(ab+bc+ca)$ (4) $(a^2+ab+2b^2)(a^2-ab+2b^2)$

4. (1) 最大公約数 ab^2，最小公倍数 $a^3b^4c^3d$
(2) 最大公約数 $x(x+3)$，最小公倍数 $x^3(x+3)(x-3)(x-1)$

5. (1) 0 (2) ある定数 k に対し $a=bk,\ c=dk$ が成り立つ．これを証明すべき式の両辺に代入する．

6. (1) 商 x，余り $-(a+1)x+1$ (2) 商 $x+(a+3)$，余り a^2+3a+2

7. $P(x)=x+3$

8. 余り 1

9. (1) $1+\dfrac{3}{x-1}$ (2) $\dfrac{x+1}{x^2-3x}$ (3) $2x+2+\dfrac{5x+1}{(x+2)(x-1)}$ (4) $\dfrac{8}{a^8-1}$

10. $\alpha=a_1+a_2i,\ \beta=b_1+b_2i$ とおいて両辺をそれぞれ 2 乗したものが等しいことを示す．

11. (1) -6 (2) 29 (3) 0

12. (1) $\overline{w}=a\overline{x}+b,\ \overline{z}=c\overline{y}+d$ をそれぞれ分散 $v_w,\ v_z$ の定義式に代入する．
(2) (1) と同様の代入を共分散 v_{wz} に行う．(3) (1)，(2) の結果を利用する．

第 2 章 練習問題解答

1. (1) 3 (2) 1 (3) 2 (4) 3

2. (1) $y=-\dfrac{3}{5}(x-2)^2+\dfrac{22}{5}$ (2) $y=2x^2+3x+1$ (3) $y=-2(x+2)^2+3$

3. (1) 漸近線 $x=1,\ y=0$ (2) 漸近線 $x=-2,\ y=2$

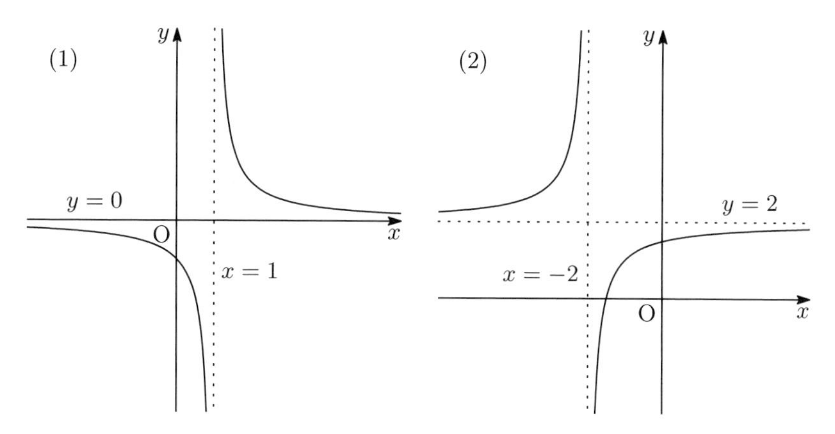

4. (1) 最大値 13 ($x=5$)，最小値 -3 ($x=1$) (2) 最大値 なし，最小値 なし

5. (1) $y=\dfrac{x+1}{2}$ (2) $y=\sqrt{x+1}$ (3) $y=-\dfrac{3x+1}{x-1}$

6. $g(x)$，$g(-x)$ を $f(x)$ を用いて表し，等しいことを示す．

7. (1) 偶関数 (2) 奇関数 (3) どちらでもない (4) 奇関数 (5) 偶関数
(6) どちらでもない

第 3 章 練習問題解答

1. (1) $x=\dfrac{-3\pm\sqrt{23}i}{4}$ (2) $x=-6,\ 3$

2. (1) 9 (2) $\dfrac{4}{5}$ (3) $\dfrac{46}{5}$ (4) $\dfrac{137}{2}$

3. (1) $x=-5,\ y=-11$ (2) $x=\dfrac{5}{7},\ y=-\dfrac{8}{7}$ (3) $(x,y)=(1,1),\ (8,-13)$
(4) $(x,y)=(-1,1),\ \left(\dfrac{3}{2},-\dfrac{1}{4}\right)$

4. (1) $x=-1\pm\sqrt{3},\ -1\pm 2\sqrt{2}i$ (2) $x=-5,\ -2$ (2 重解)，1
(3) $x=-2$ (2 重解)，1 (4) $x=1$ (5) $x=3$

5. (1) $y=2\left(x+\dfrac{5}{4}\right)^2+\dfrac{7}{8}$ (2) $\left[\dfrac{7}{8},37\right]$ (3) $k=5\pm 2\sqrt{6}$

第 4 章 練習問題解答

1. (1) $\dfrac{\pi}{2}$ (2) $\dfrac{\pi}{4}$ (3) $-\dfrac{3}{4}\pi$ (4) $\dfrac{25}{6}\pi$

2. (1) 45° (2) 150° (3) -90° (4) 252°

3. $\mathrm{AC} = 3\sqrt{6},\ R = 3\sqrt{3},\ S = \dfrac{81 + 27\sqrt{3}}{4}$

4. $\sin\theta = \dfrac{2\sqrt{2}}{3},\ \tan\theta = 2\sqrt{2}$

5. $B,\ C$ に関する第 2 余弦定理の差をとる.

6. (1) $x = \dfrac{\pi}{3},\ \dfrac{5}{3}\pi$ (2) $x = \dfrac{\pi}{3},\ \dfrac{4}{3}\pi$ (3) $0 \leq x < \dfrac{\pi}{6},\ \dfrac{11}{6}\pi < x < 2\pi$
(4) $x = 0,\ \dfrac{3\pi}{4},\ \pi,\ \dfrac{5\pi}{4}$ (5) $x = 0,\ \dfrac{\pi}{3},\ \pi,\ \dfrac{5}{3}\pi$ (6) $\dfrac{\pi}{6} \leq x \leq \dfrac{5}{6}\pi$

7. (1) $\dfrac{1}{2}$ (2) $-\dfrac{1}{\sqrt{2}}$ (3) $\sqrt{3}$ (4) $\dfrac{\sqrt{3}}{2}$ (5) 0 (6) $\dfrac{1}{\sqrt{2}}$ (7) $-\dfrac{\sqrt{3}}{2}$ (8) $\sqrt{3}$

8. (1) 1 (2) 3 (3) 2 (4) 1

9. $\tan^2 y = \dfrac{1 - b^2}{a^2 - 1}$

10. $\sin\theta = -\dfrac{3}{\sqrt{10}},\ \cos\theta = -\dfrac{1}{\sqrt{10}}$

11. (1) 0 (2) $\dfrac{\pi}{2}$ (3) $\dfrac{\pi}{3}$ (4) $\dfrac{\pi}{4}$ (5) $-\dfrac{\pi}{4}$ (6) $-\dfrac{\pi}{6}$

12.

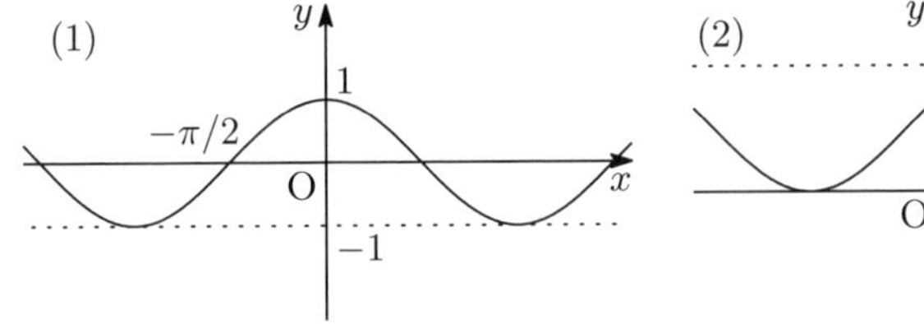

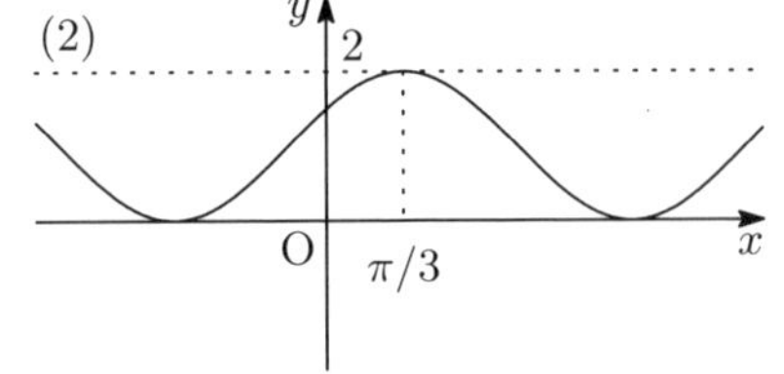

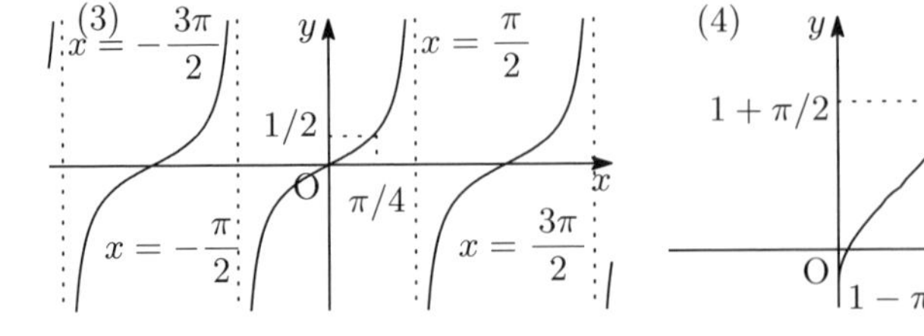

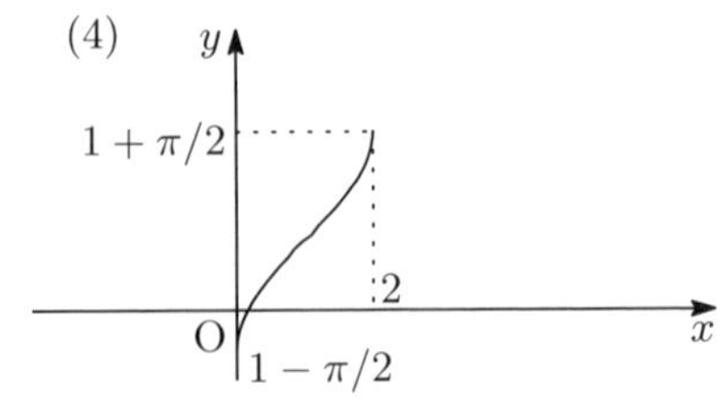

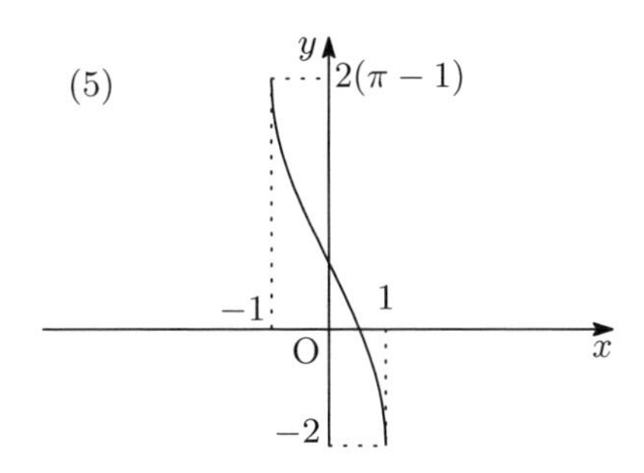

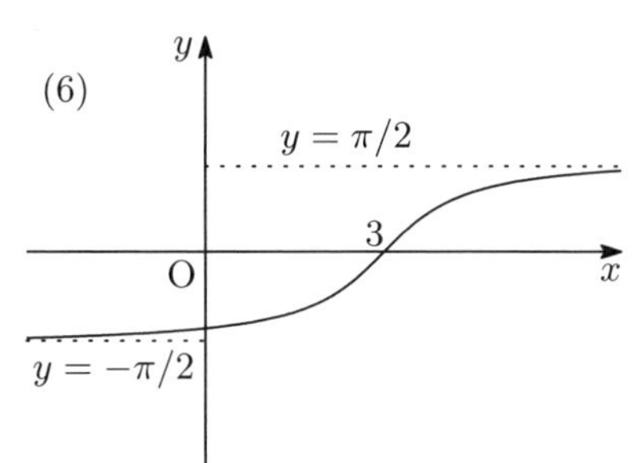

第 5 章　練習問題解答

1. (1) $a^{\frac{1}{6}}$ (2) $a^{-\frac{4}{5}}$ (3) a^6

2. (1) $\sqrt[3]{16}$, $\sqrt[3]{4}$, 1, $4^{-\frac{2}{5}}$, $4^{-\frac{1}{2}}$ (2) $2\log_{0.5}3$, $\log_{0.5}\dfrac{41}{5}$, $3\log_{0.5}2$

3. 1.5（$2^3 < 3^2$ より $\log_2 3 > 1.5$, $3^5 < 2^8$ より $\log_2 3 < 1.6$ となる）

4. (1) 25 (2) 3 (3) 2 (4) $\dfrac{3}{5}$ (5) 1 (6) −1 (7) 3 (8) 1 (9) 3

5. (1) $x = \dfrac{3}{2}$ (2) $x = 1$ (3) $x = 4$ (4) $x = 3$

6. (1) $x > -1$ (2) $-1 < x < 1$

7. （相加平均）≥（相乗平均）の不等式を用いる.

8. (1) 2 (2) 3 (3) 1 (4) 2

9.

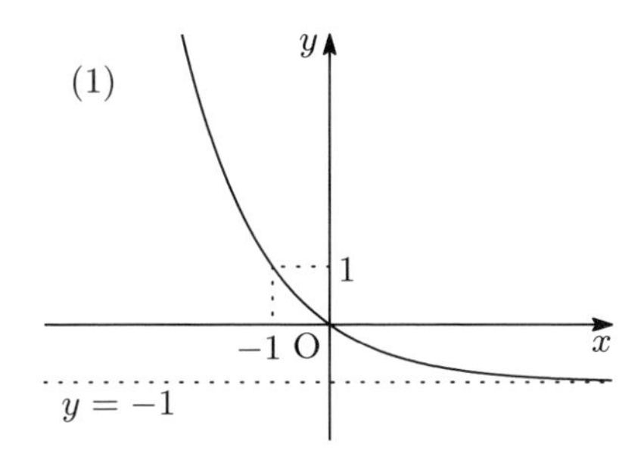

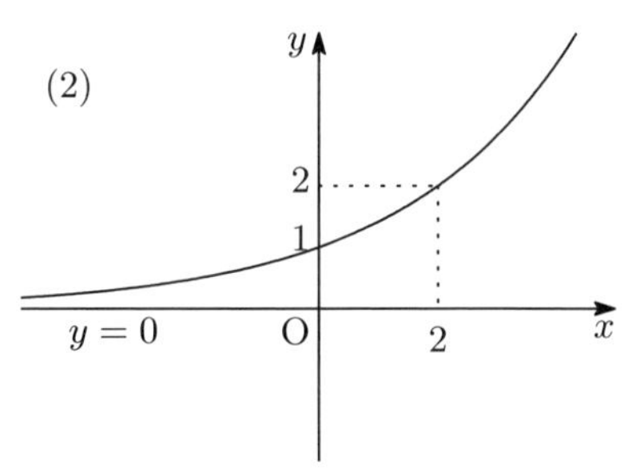

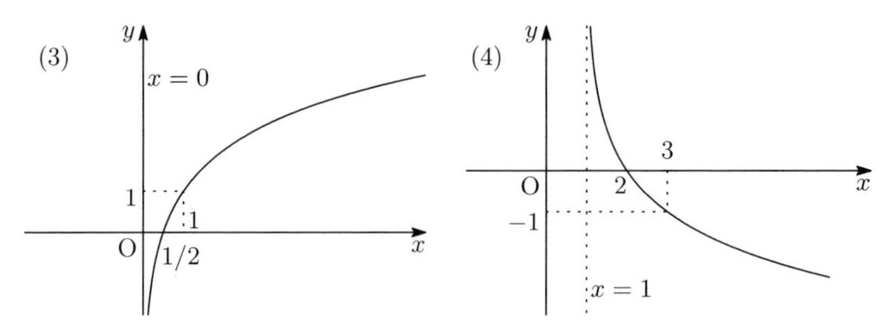

10. (1) -3 (2) 4 (3) 3 (4) $\dfrac{1}{729}$ (5) $\dfrac{3}{4}$ (6) $3-4\log_3 2$ (7) 1 (8) 3 (9) $\dfrac{1}{2}$ (10) 1

11. (1) $\dfrac{7}{2}$ (2) $x = \log_2 3$ (3) $x = 2$ (4) $x = 2$

12. 100 日後（$2^{-t/15} = 1/100$ の両辺で底が 10 の対数をとる）

13. 694 年後（$1000 \log 2$）

第 6 章 練習問題解答

1. (1) 20 (2) 430 (3) 15 項目

2. (1) 1458 (2) $\dfrac{1-3^{12}}{2}$

3. 3471 万 9252 円

4. (1) $a_1 = -2,\ a_2 = -7,\ a_3 = -17,\ a_4 = -37$ (2) $a_{n+1} = a_n + 3$
(3) $a_{n+1} = -2a_n$

5. (1) $a_n = 3 - 2^{n-1}$ (2) $a_n = \dfrac{-2^{n-1} - 8(-1)^{n-1}}{3}$

第 7 章 練習問題解答

1. (1) 4 (2) 5 (3) 0 (4) 4 (5) 0 (6) $\dfrac{1}{\sqrt{2}}$

2. (1) $a = -2$ (2) $a = \dfrac{3}{2}$

3. (1) $2(a+1)$ (2) $4a+3$

4. 接線の傾きは 7 である.

5. (1) $y' = 2$ (2) $y' = -10x^4$ (3) $y' = 4x^3 + 2x$ (4) $y' = 3x^2 + 6x - 1$

6. (1) 2 (2) 3

7. (1) 極大値 $x=-1$ のとき 2．極小値 $x=1$ のとき -2．
(2) 極大値 $x=1$ のとき 1．極小値 $x=0$ のとき 0，$x=2$ のとき 0．

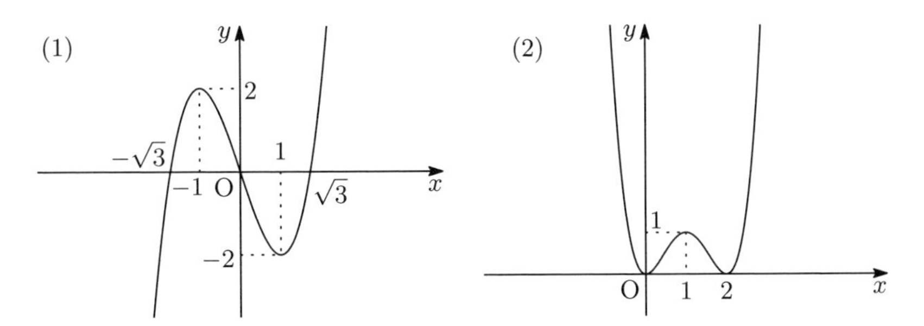

8. (1) 最大値 4（$x=1$ または $x=4$ のとき）．最小値 0（$x=0$ または $x=3$ のとき）．
(2) 最大値 24（$x=-2$ のとき）．最小値 -3（$x=1$ のとき）．

9. (1) $y''=90x^8$　(2) $y''=20x^3-18x$

10. $c=\dfrac{a+b}{2}$

第 8 章 練習問題解答

1. (1) $y'=-3\sin(3x+1)$　(2) $y'=2\sin 4x$　(3) $y'=-\dfrac{7}{(x-3)^2}$
(4) $y'=-\dfrac{3}{x^4}$　(5) $y'=10(2x+1)(x^2+x+1)^9$　(6) $y'=\dfrac{2x}{x^2+1}$
(7) $y'=\log x+1$　(8) $y'=2e^{(2x+1)}$

2. (1) $y'=\dfrac{x^2+2x-1}{2(x+1)(x+2)(x+3)}\sqrt{\dfrac{(x+3)(x+2)}{x+1}}$
(2) $y'=(\log x+1)x^x$　(3) $y'=\left\{\log(\log x)+\dfrac{1}{\log x}\right\}(\log x)^x$

3. (1) 極大値 1（$x=0$ のとき）．極小値なし．変曲点 $\left(\pm\dfrac{1}{\sqrt{3}},\dfrac{3}{4}\right)$．
(2) 極大値 2π（$x=2\pi$ のとき）．極小値 -2π（$x=-2\pi$ のとき）．
変曲点 $(-\pi,-\pi)$，$(0,0)$，(π,π)．
(3) 極大値 1（$x=\dfrac{\pi}{2}$，$\dfrac{3}{2}\pi$ のとき）．極小値 0（$x=\pi$ のとき）．
変曲点 $\left(\dfrac{\pi}{3},\dfrac{9}{16}\right)$，$\left(\dfrac{2}{3}\pi,\dfrac{9}{16}\right)$，$\left(\dfrac{4}{3}\pi,\dfrac{9}{16}\right)$，$\left(\dfrac{5}{3}\pi,\dfrac{9}{16}\right)$．

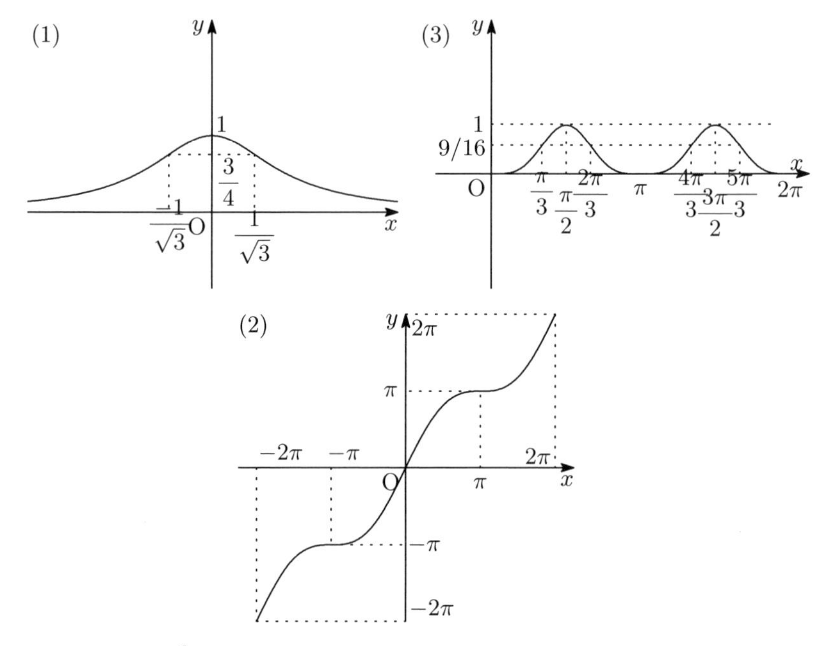

4. (1) $y''' = \dfrac{6}{(1-x)^4}$ (2) $y''' = (x^2+6x+6)e^x$

第 9 章 練習問題解答

1. (1) $y = 4x - 3$ (2) $y = \dfrac{1}{2\sqrt{2}}x + \dfrac{1}{\sqrt{2}}$ (3) $y = \dfrac{x}{2} + \dfrac{3\sqrt{3}-\pi}{6}$

(4) $y = x$ (5) $y = 2x + 1$ (6) $y = \dfrac{x}{2\log 2} + \dfrac{\log 2 - 1}{\log 2}$

2. (1) $1 + 4(x-1) + 2(x-1)^2$ (2) $8 + 12(x-2) + 6(x-2)^2$

(3) $\dfrac{\sqrt{3}}{2} - \left(x - \dfrac{\pi}{3}\right) - \sqrt{3}\left(x - \dfrac{\pi}{3}\right)^2$ (4) $e - 1 + (e-1)(x-1) + \dfrac{e}{2}(x-1)^2$

3. (1) $0.5737\ (a = 30^\circ)$ (2) $-1.1898\ (a = 135^\circ)$ (3) $0.0175\ (a = 0^\circ)$

(4) $0.8415\ (a = \dfrac{\pi}{3})$ (5) $1.2200\ (a = 0)$ (6) $0.0950\ (a = 1)$

第 10 章 練習問題解答

1. (1) $e^{2x} = \displaystyle\sum_{n=0}^{\infty} \frac{2^n}{n!}x^n$ (2) $\log(x+1) = \displaystyle\sum_{n=1}^{\infty} \frac{(-1)^{n+1}}{n}x^n$

(3) $e^x \sin x = \displaystyle\sum_{n=0}^{\infty} \frac{i\{(1-i)^n - (1+i)^n\}}{2n!} x^n$

2. (1) $x^3 + 1 = 3(x+1) - 3(x+1)^2 + (x+1)^3$ (2) $\dfrac{e^x}{e^2} = \displaystyle\sum_{n=0}^{\infty} \frac{(x-2)^n}{n!}$

(3) $\dfrac{1}{x} = \displaystyle\sum_{n=0}^{\infty} (-1)^n (x-1)^n$

3. (1) $0 < \xi < x$ として $\log(x+1) = x - \dfrac{x^2}{2} + \dfrac{x^3}{3} - \dfrac{x^4}{4} + \dfrac{(1+\xi)^{-5} x^5}{5}$

(2) 近似値 0.182267, 最大誤差 0.000064

4. (1) $x = 0$ でのテイラー近似を $5^\circ = \dfrac{\pi}{36} < 0.1$ なので $n = 3$ まで適用して近似値 0.0871

(2) $x = 45^\circ$ でのテイラー近似を $n = 3$ まで適用して近似値 0.7660

第 11 章 練習問題解答

1. $\dfrac{15}{4}$

2. (1) 9 (2) -14 (3) $\dfrac{13}{3}$ (4) $-\dfrac{11}{12}$

3. $c = 2$

第 12 章 練習問題解答 不定積分の積分定数は省略

1. (1) $\dfrac{x^2}{2}$ (2) $\dfrac{x^4}{4} + \dfrac{2}{3}x^3 + x$ (3) $\dfrac{2}{3}x\sqrt{x}$ (4) $\dfrac{2}{5}x^2\sqrt{x} - 2x\sqrt{x} + 6\sqrt{x} + \dfrac{2}{\sqrt{x}}$

2. (1) $\dfrac{\sqrt{3}-1}{2}$ (2) $\dfrac{80}{3}$ (3) 1 (4) $\dfrac{3}{2}\sqrt[3]{2} - \dfrac{3}{4}$ (5) $e^2 - 1$ (6) $\dfrac{\sqrt{3}-\sqrt{2}}{2}$

(7) $\dfrac{256\sqrt{2} + 206}{35}$

3. (1) 2 (2) $\dfrac{16}{3}$ (3) $2\sqrt{2}$

4. (1) $\theta = \dfrac{\pi}{4}, \ \dfrac{3}{4}\pi, \ \dfrac{5}{4}\pi, \ \dfrac{7}{4}\pi$

(2) 与式を積分の中に代入して不定積分を行えばよい.

5. (1) $\dfrac{1}{2}\sin 2x$ $(2x = t)$ (2) $\dfrac{1}{10}(2x-3)^5$ $(2x - 3 = t)$

(3) $\arctan x$ $(x = \tan t)$ (4) $2\sqrt{x^2+2}$ $(x^2 + 2 = t)$

6. (1) $\dfrac{1}{3}$ $(\log x = t)$ (2) $\dfrac{\pi}{2} - 1$ $(x = \sin t)$

7. (1) $xe^x - e^x$ (2) $\dfrac{x^2 \log x}{2} - \dfrac{x^2}{4}$

8. (1) $2\log 2 - 1$ (2) $\dfrac{e^{\pi/2} + 1}{2}$

第 13 章 練習問題解答

1. (1) $\dfrac{2}{1 - x^2}$ (2) $\dfrac{2}{1 - x^2} = 2\displaystyle\sum_{n=0}^{\infty} x^{2n}$ (3) $\log \dfrac{1 + x}{1 - x} = 2\displaystyle\sum_{n=0}^{\infty} \dfrac{x^{2n+1}}{2n + 1}$

(4) 1.0981（(3) の結果に $x = \dfrac{1}{2}$ を代入）

索　引

● た 行 ●

● な 行 ●

● は 行 ●

● ま　行 ●

● め　行 ●

● や　行 ●

● ら　行 ●

● わ　行 ●

執筆者

根岸　章　奈良学園大学人間教育学部

数学入門

2006 年 4 月 20 日　第 1 版　第 1 刷　発行
2009 年 3 月 30 日　第 1 版　第 4 刷　発行
2010 年 3 月 30 日　第 2 版　第 1 刷　発行
2014 年 3 月 30 日　第 2 版　第 3 刷　発行
2019 年 3 月 20 日　第 3 版　第 1 刷　発行
2020 年 4 月 1 日　第 4 版　第 1 刷　発行
2022 年 5 月 10 日　第 4 版　第 2 刷　発行

著　者　根岸　章
発行者　発田和子
発行所　株式会社 学術図書出版社

〒113−0033　東京都文京区本郷 5 丁目 4 の 6
TEL 03−3811−0889　振替　00110−4−28454
印刷　（株）かいせい

定価はカバーに表示してあります.

ISBN978-4-7806-0788-8　C3041